● 新・電気システム工学 ●
TKE-7

システム数理工学
意思決定のためのシステム分析

山地憲治

数理工学社

編者のことば

　20世紀は「電気文明の時代」と言われた．先進国では電気の存在は，日常の生活でも社会経済活動でも余りに当たり前のことになっているため，そのありがたさがほとんど意識されていない．人々が空気や水のありがたさを感じないのと同じである．しかし，現在この地球に住む60億の人々の中で，電気の恩恵に浴していない人々がかなりの数に上ることを考えると，この21世紀もしばらくは「電気文明の時代」が続くことは間違いないであろう．種々の統計データを見ても，人類の使うエネルギーの中で，電気という形で使われる割合は単調に増え続けており，現在のところ飽和する傾向は見られない．

　電気が現実社会で初めて大きな効用を示したのは，電話を主体とする通信の分野であった．その後エネルギーの分野に広がり，ついで無線通信，エレクトロニクス，更にはコンピュータを中核とする情報分野というように，その応用分野はめまぐるしく広がり続けてきた．今や電気工学を基礎とする産業は，いずれの先進国においてもその国を支える戦略的に第一級の産業となっており，この分野での優劣がとりもなおさずその国の産業の盛衰を支配するに至っている．

　このような産業を支える技術の基礎となっている電気工学の分野も，その裾野はますます大きな広がりを持つようになっている．これに応じて大学における教育，研究の内容も日進月歩の発展を遂げている．実際，大学における研究やカリキュラムの内容を，新しい技術，産業の出現にあわせて近代化するために払っている時間と労力は相当のものである．このことは当事者以外には案外知られていない．わが国が現在見るような世界に誇れる多くの優れた電気関連産業を持つに至っている背景には，このような地道な努力があることを忘れてはいけないであろう．

　本ライブラリに含まれる教科書は，東京大学の電気関係学科の教授が中心となり長年にわたる経験と工夫に基づいて生み出したもので，「電気工学の体系化」および「俯瞰的視野に立つ明解な説明」が特徴となっている．現在のわが国の関係分野において，時代の要請に充分応え得る内容を持っているものと自負し

ている．本教科書が広く世の中で用いられるとともにその経験が次の時代のより良い新しい教科書を生み出す機縁となることを切に願う次第である．

　最後に，読者となる多数の学生諸君へ一言．どんなに良い教科書も机に積んでおいては意味がない．また，眺めただけでも役に立たない．内容を理解して，初めて自分の血となり肉となる．この作業は残念ながら「学問に王道なし」のたとえ通り，楽をしてできない辛いものかもしれない．しかし，自分の一部となった知識によって，人類の幸福につながる仕事を為し得たとき，その苦労の何倍もの大きな喜びを享受できるはずである．

2002年9月

編者　関根泰次
　　　日髙邦彦
　　　横山明彦

「新・電気システム工学」書目一覧

書目群 I	書目群 III
1　電気工学通論	15　電気技術者が応用するための「現代」制御工学
2　電気磁気学　——いかに理解し使いこなすか	16　電気モータの制御とモーションコントロール
3　電気回路理論	17　交通電気工学
4　基礎エネルギー工学	18　電力システム工学
5　電気電子計測	19　グローバルシステム工学
書目群 II	20　超伝導エネルギー工学
6　はじめての制御工学	21　電磁界応用工学
7　システム数理工学　——意思決定のためのシステム分析	22　電離気体論
8　電気機器基礎	23　プラズマ理工学　——はじめて学ぶプラズマの基礎と応用
9　基礎パワーエレクトロニクス	24　電気機器設計法
10　エネルギー変換工学　——エネルギーをいかに生み出すか	
11　電力システム工学基礎	別巻1　現代パワーエレクトロニクス
12　電気材料基礎論	
13　高電圧工学	
14　創造性電気工学	

まえがき

　本書の目的は，工学や経済学における数理計画法の実用的応用において必要となる数学的基礎を，例題や数値例を通してわかりやすく説明することである．したがって，特殊な条件下での取り扱いなど，数学的には興味深いが実用的な重要度が低い項目は省かれている．また，数式の展開においては，具体的な意味が理解できるようにていねいな説明を心掛けた．

　本書は最適化手法を中心とする数理モデルによるシステムの解析法を取り扱っており，特に線形計画問題の解法について詳しく説明する．そのほか，動的計画法を含む代表的な非線形計画問題の解法についても基本的事項を説明し，最後に複数の意思決定者の合理的行動を表すゲーム理論について入門的な説明をする．

　第1章では，対象をシステムとして捉えて数理モデルを構築して解析することの意義を述べ，システム工学の基礎を解説する．第2章では線形計画問題について，基本的な概念と標準的な定式化および最適解の特性を説明する．第3章では具体的な線形計画問題の解法として，シンプレックス法と双対シンプレックス法について詳しく解説する．ここでは，最適化問題の興味深い特性である双対性についても述べる．内点法による線形計画問題の解法については第3章では概要を述べ，具体的な解法については反復法を説明する第5章で紹介する．第4章では，線形計画問題の中でも応用範囲の広い輸送問題とネットワーク・フロー問題を取り上げて特有の解法を説明する．第5章では非線形計画問題について，クーン・タッカー定理など解法の基礎を述べた上で，反復法による数値的な探索と分枝限定法を説明する．第6章では動的計画法の基本について例題を通して説明し，最後に，第7章でゲーム理論について基本的事項を紹介する．なお，付録として，本文で触れることのできなかったシステム工学で用いられる概念や手法について，いくつか重要なものをとり上げて簡単な解説を行った．

まえがき

　本書の作成には多くの方々のご協力を得た．本書は，東京大学工学部電気系学科3年生向けに行っている「システム数理工学」の講義資料をまとめたものであるが，講義ノートを提供していただいた渡邊由美子氏（東京大学修士，現在は三菱総合研究所勤務），章末問題とその解答の作成および校正に協力していただいた高木雅昭氏(東京大学工学系研究科電気工学専攻大学院生)に特に謝意を表したい．

　2007年6月

山地憲治

目　　次

■第1章　システムの数理解析　　1
1.1　システム概念と数理モデル……………………………………2
1.2　数理モデルの類型………………………………………………3
1.3　システム工学で用いられる解析手法…………………………6
コラム　AHPとは……………………………………………………7
1.4　最適化問題の基本構成…………………………………………8

■第2章　線形計画問題の基本特性と定式化　　11
2.1　線形計画問題の凸性……………………………………………12
2.2　線形計画問題の例………………………………………………15
2.3　線形計画問題の標準形…………………………………………16
2.4　基底形式と基底解………………………………………………18
2.5　線形制約領域の一般的性質と最適解…………………………22
2章の問題……………………………………………………………24

■第3章　線形計画問題の解法　　27
3.1　最適性の条件……………………………………………………28
3.2　シンプレックス表………………………………………………33
3.3　シンプレックス法………………………………………………35
3.4　双　対　性………………………………………………………40
3.5　双対シンプレックス法…………………………………………48
3.6　内点法の概要……………………………………………………60
3章の問題……………………………………………………………62

目　　次　　vii

第4章　特殊線形計画問題　63
4.1　輸送問題 …………………………………………… 64
4.2　ネットワーク・フロー問題 ……………………… 82
4章の問題 ……………………………………………… 92

第5章　非線形計画問題　95
5.1　非線形計画問題と非凸計画問題 ………………… 96
5.2　ラグランジュ未定乗数法 ………………………… 100
5.3　クーン・タッカー定理 …………………………… 103
5.4　反復法 ……………………………………………… 112
5.5　整数計画問題と分枝限定法 ……………………… 120
5章の問題 ……………………………………………… 124

第6章　動的計画法　125
6.1　多段決定問題としての定式化 …………………… 126
コラム　最大原理 …………………………………… 127
6.2　関数漸化式の導出と解法の例 …………………… 128
6.3　動的計画法の応用例 ……………………………… 132
6章の問題 ……………………………………………… 134

第7章　ゲーム理論入門　135
7.1　ゲーム理論の基本概念 …………………………… 136
7.2　よく知られているゲームの構造 ………………… 137
7.3　ゲーム理論の基本定理 …………………………… 142
コラム　ノイマンとナッシュ ……………………… 143
7.4　市場の効率性とゲーム理論 ……………………… 144
7章の問題 ……………………………………………… 150

付録　151
A　オペレーションズリサーチ (OR) ………………… 151
B　グラフ理論 ………………………………………… 151
C　最適解の感度解析 ………………………………… 153

D　包絡分析法 (DEA) ………………………………… 153
　　E　モダンヒューリスティックス ……………………… 154

問 題 解 答　　　　　　　　　　　　　　　　　　　157
　2章の問題の解答 ……………………………………… 157
　3章の問題の解答 ……………………………………… 159
　4章の問題の解答 ……………………………………… 167
　5章の問題の解答 ……………………………………… 174
　6章の問題の解答 ……………………………………… 177
　7章の問題の解答 ……………………………………… 183

参 考 文 献　　　　　　　　　　　　　　　　　　　187
索　　　引　　　　　　　　　　　　　　　　　　　188

1 システムの数理解析

　システムとはなんだろうか．数理モデルはどんなもので何をするものなのか．本章では，システム数理工学が対象とする問題とその解法への基本的なアプローチを説明する．エネルギー問題など我々が直面する問題の多くは様々な問題の複合体であり，一筋縄では解けない．複合した問題を整理して解ける問題にすることがシステム工学の重要な役目である．そのために種々の手法が考案されている．中でも数理モデルとして問題を定式化する手法が多くの成果を上げている．システム工学の一般的な意義とともに本書が扱う範囲を理解して欲しい．

1章で学ぶ概念・キーワード
- システム効果
- 意思決定
- システム工学
- 最適化問題

1.1 システム概念と数理モデル

システムとは「複数の要素が有機的に関係しあい，全体としてまとまった機能を発揮している要素の集合体 (広辞苑第 4 版による) 」である．システム概念において，全体は部分の単なる和ではない．システムを構成する要素の間には相互作用があり，これにより個々の要素に関する知識だけからでは理解できないシステム全体としての特性が現れる．いわゆる**システム効果**である．

システム効果は，要素の相互関係から導かれるシステムの構造が引き起こすものであり，個々の要素に分解すると見えなくなる．

例えば，テレビ画像はミクロな構成単位に分解すると 3 原色からなる点になるが，このように分解してしまうと画像の意味はわからなくなる．原色の点の集まりによって様々な色合いが表現され，色の組合せによって顔や風景などの画像イメージが構成される．これと同様に，原子力や火力，水力など様々な電源を組み合わせることによって電源システムが構成されているが，与えられた電力需要を満たす電源システム全体の経済性や環境特性は各種電源の組合せによって決まり，個々の電源の特性からだけでは説明できない．

仏教用語にもシステム概念に関連するものがある．例えば，「縁起」とは，さまざまな原因と条件の集まり，つまり，関係性の集合である．また，「空」とは「縁起」によって成り立つ固定的な実体のないこととされる．「空」は**システム全体**とよく似た概念である．「空」に対比されるのは「色」で，「色」は実体を持つ物質的存在とされる．「色」は**要素**に似た概念である．こう考えると，「色即是空，空即是色」の意味は，システム全体は要素に規定され，要素はシステム全体に規定されるということと解釈できる．**システム工学**は，「空」つまりシステム全体を理解する「般若知」の数理的道具といえるかもしれない．

個々の要素については十分な知識を持っている場合でも，システム効果はしばしば人間の直観的判断を誤らせる原因になる．したがってシステム効果を含めて対象を理解するためには，システムの構造に基づく数理モデルが必要である．システム数理工学の目的は，人間が扱う様々な対象をシステムとして捉え，それを数理モデルに表現して意思決定に役立てることである．

1.2 数理モデルの類型

システムの数理モデルには種々の形態がある．例えば，1972年に出版されたローマ・クラブの「成長の限界」ではシステム・ダイナミックス手法を適用した世界モデルが利用されているが，この数理モデルではシステムの要素をストック (レベル変数と呼ぶ) とフロー (レート変数と呼ぶ) に分けて表現する．「成長の限界」の世界モデルにおけるレベル変数は，人口 (0〜15歳，16〜45歳，46歳以上に分割)，天然資源，工業資本，サービス資本，農業資本，汚染，潜在可耕地面積，可耕地面積，都市・工業用地であり，これらレベル変数の年増加量と減少量がレート変数となる．そして，これらの変数間の関係を，時間遅れのある**フィードバックループ**として定式化する．フィードバックループには変化を加速する正のフィードバックと変化を抑制する負のフィードバックがあるが，各変数の間には正負両方のフィードバックが複雑に絡み合って働いている．時間遅れのある正負のフィードバックが複雑に絡み合うと，その効果は人間の直観では捉えられなくなる．ここで数理モデルが威力を発揮するのである．

このような構成を持つ世界モデルを用いて，メドウズ等は図 1.1 (次ページ) のような結果を導いた．この結果は各種パラメータの標準的な設定によるものであるが，この場合には，食料と工業生産の指数関数的な拡大が天然資源の枯渇を招き，結局，工業生産も食料も減少に転じ，やがて人口も急減して破局を迎える姿が描き出されている．

メドウズ等は天然資源の利用可能量が倍増する場合とか，汚染除去技術が進歩する場合とか，産児制限を行う場合など，様々な技術的対策をとるケースについても計算しているが，いずれの場合も，資源制約を回避しても食料生産や汚染など別の制約に直面して，破局は避けられないことを示している．つまり，技術的対策のみでは，人口および工業生産の成長の期間を延長するだけにとどまり，成長の究極的な限界を避けることはできない．これがシステム効果としての**成長の限界**である．

「成長の限界」の警告の説得力は，メドウズ等が開発した世界モデルによるところが大きい．地球規模問題のように，**社会システム**を対象にする場合，従来は観念的なモデル (これをメンタルモデルと呼ぶ) に基づいて議論を展開することがほとんどであった．**メンタルモデル**は人間の頭脳の中にある定性的な

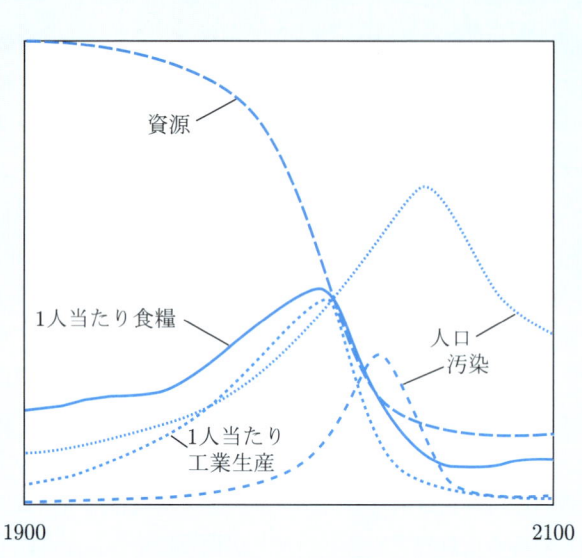

図 1.1 ローマ・クラブの世界モデルの標準計算結果

標準的な世界モデル計算においては，世界システムの発展を支配してきた物理的，経済的，社会的関係に大きな変化はないと仮定している．ここに記されたすべての変数は，1900 年から 1970 年までの実際の数値に従っている．食料，工業生産および人口は幾何級数的に成長し，ついには急速に減少する資源が工業の成長を低下させるに至る．システムに内在する遅れのために，人口と汚染は工業化の頂点に達したあと，しばらく増加し続ける．人口の増加は，食料と医療サービスの減少による死亡率の上昇によって，最終的に停止する．

ものであって，同時に考慮できる要素の数は極めて限られ，複雑に絡み合った相互関係を表現することはきわめて難しい．メンタルモデルは環境保護運動などに見られるように，しばしば**思想**という形で人々の間に広まり，現実的な影響力を持つようになる．

それに対し，「成長の限界」の世界モデルでは，対象をシステムとして明確に捉え，大胆にシステムの要素を絞り込み，要素間の関係を定量的に表現して数理モデルを開発した．これは大きな進歩である．**数理モデル**では，すべての仮定は明確であり，したがって仮定の吟味を客観的に厳密に行うことができる．こ

1.2 数理モデルの類型

れは多くの人の知識を総合化する上で,メンタルモデルよりはるかに優れている.社会システムの見方には種々の立場があり,**自然法則**のような客観的な真実を前提にすることが難しい.そのため,対象をどのように捉えているのかが明確になる数理モデルは,異なる考え方を調整する場合にも大いに役立つ.

また,社会システムでは,ほとんどの場合,実験ができない.「成長の限界」が提示した未来について,それが現実になるかどうかを観察していては,本当に破局の兆候が見えたときには手遅れになる.環境影響の顕在化などシステムに内在する時間遅れを考慮すれば,対策には早めに着手しなければならない.

このように考えれば,社会システムの数理モデルの役割は明らかであろう.我々の未来は我々が選択するものであり,その選択において,様々な人の考えや知見を統合する道具として,社会システムの数理モデルを役立てる必要がある.ただし,「成長の限界」の世界モデルが様々な批判を浴びたように,社会システムの数理モデルには唯一の正解があるわけではない.システムを構成する基本要素の特定や要素間の関係の定式化において,モデル作成者の力量が問われることになる.

ローマ・クラブの世界モデルは,モデルの利用者が初期値を設定すれば,後はモデルが表現するシステム構造に従っていもづる式に結果が導かれる**シミュレーション型**のモデルである.これに対して,ある目的関数を設定して,それを最大化あるいは最小化するように,計画変数 (あるいは制御線数) を最適化のアルゴリズムによって決定して結果を導く最適化型のモデルがある.システムの数理モデルの基本パターンは,**シミュレーション型**と**最適化型**である.ただし,目的関数を持つが厳密に最適な解を求めるのではなく,ルールに従って目的関数を改善するよう学習する機能を持つエージェントモデルのように,シミュレーション型と最適化型の中間に位置づけられる学習型の数理モデルもある.

最近ではコンピュータの発達により,複数の意思決定者を想定し,それぞれを最適化型や学習型の数理モデルで表現してモデル化するゲーミングシミュレーションや**マルチエージェントモデル**も数多く開発されている.本書の第 2 章以降では最適化型の数理モデルを中心に説明するが,本章では,システム工学で用いられる一般的な手法についても簡単に解説しておく.

1.3 システム工学で用いられる解析手法

システム工学は，システムの計画，設計，管理・運用，制御，評価などを研究する分野であるが，対象とするシステムには様々なものがある．例えば，企業の**経営システム**を対象とすれば，プロジェクトの価値評価や費用便益分析などによる意思決定，あるいは不確実性に対処するためのポートフォリオ選択などが重要になる．また，コンピュータネットワークのような**情報システム**を対象とする場合には，情報処理速度や精度，アクセスの利便性などを指標としたシステム設計や信頼性評価が重要になる．

このように多様なシステムを対象とするシステム工学の手法を一般的に述べることは容易ではない．強いて整理すれば，定性的記述から問題をシステムとして構造化する手法，統計データの解析手法，対象とする問題を数理モデルとして定式化する手法，不確実性分析手法に分類することができる．

定性的記述から問題をシステムとして構造化する手法としては，例えば，考案者の川喜田二郎氏のイニシャルをとって名づけられた **KJ 法**がある．KJ 法とは，関連情報を一つ一つカードに記述し，カードをグループごとにまとめて，図解してシステムの構造を整理する方法である．簡単な方法であるが，フィールド調査で集めた断片的な情報や多くの人々の様々な意見を整理するときに威力を発揮する．そのほか，多数の項目の比較を一対比較に分割して人間の直観による判断を調査し，それを階層的に合理的に整理する **AHP** (analytic hierarchy process；階層化分析法) などもここに分類される．

統計データの解析手法は，独立した応用数学分野であるが，回帰分析や因子分析はシステム工学分野でも多用され，計量経済モデルや時系列モデルの基礎手法になっている．

対象とする問題を数理モデルとして定式化する手法は，本書で中心的に扱うアプローチであり，最適化モデルやシミュレーションモデルとして定式化して数値的解を求める．複数の意思決定者がいる状況での合理的な意思決定について，ゲーム理論による数理的解析を行う場合もここに分類される．また，数理モデルというには多少抵抗があるが，工程管理などに用いられる **PERT** (program evaluation and review technique) や **CPM** (critical path method) も定量的なモデルを適用したシステム工学手法といえる．

1.3 システム工学で用いられる解析手法

不確実性分析手法もシステム工学手法として重要である．システム工学が対象とする問題の多くは未来の状況に対する意思決定であるため，不確実性が伴う場合が多い．マルコフモデルや**待ち行列**モデルなどがこの分類に入る代表的な手法である．最適化手法においても，パラメータの不確実性を確率分岐を持つ樹木構造で表現して期待値の最適化を行う手法や，確率動的計画法が開発されている．経済分野で展開された**ポートフォリオ理論**もシステム工学にとって重要であり，確率微分方程式に基づく**金融工学**手法も最近急速に発展しており注目される．また，役割は異なるが，冗長システムなどの工夫による**信頼性評価**もシステム工学手法として重要な要素である．

以上のように，一般的なシステム工学手法は多くの内容を含むが，本書では最適化モデルとその解法を中心に説明する．

■ AHP とは

階層化分析法あるいは階層化意思決定法などと訳される AHP は，人間の直観的判断と数理の合理性を組み合わせた興味深いシステム工学手法である．例えば，エネルギー技術の選択を，経済性や環境特性，供給安定性など複数の評価基準を総合して行う場合などに応用される．AHP では，問題を構成する評価基準や代替案などを階層として整理し，それぞれの階層について要素を整理して問題全体を階層的に分解表現する．その上で，階層ごとに多数の要素の重要度の相対評価を行って，問題全体の大局的な判断を導く．ここで行う多数の要素の相対評価において，2要素の**一対比較**という人間の直観による判断に基づいて合理的な全体判断を導くところに AHP の特徴がある．一対比較の整合性は，一対比較行列の固有値から導かれる整合度で評価することができる．一対比較における人間の直観がかなり正確であることは，日本地図を見て都道府県の面積の相対値を直観的に判断する場合，すべてを同時に見て相対値を出すのは極めて難しいが，東京都と神奈川県のように一対で比較した結果を合成するとかなり正確になることなどによって裏付けられている．

1.4 最適化問題の基本構成

最適化問題とは，与えられた条件の下で何らかの関数 (**目的関数**) を最小化もしくは最大化する問題である．複数の属性から構成される**多属性**目的関数もあり得るが，本書では目的関数は**単一属性**で表現できるものに限定する．また，変数と制約条件式の数は有限，すなわち，有限次元ベクトル空間での最適化問題を中心に考える．このように定式化された最適化問題を**数理計画問題**と呼ぶ．

数理計画問題は，線形計画法の研究から始まり，特に第 2 次世界大戦後その応用範囲が様々な分野に拡大され，今日では非線形最適化手法の研究も充実し，大規模な数理計画モデルが数多く開発・応用されている．

数理計画問題は，計画変数を n 次元ベクトル $\boldsymbol{x}$ として，関数 f, g_i ($i=1,\cdots,m$), h_j ($j=1,\cdots,l$) をそれぞれ n 次元実ベクトル空間 $\boldsymbol{R}^n$ から実数 $\boldsymbol{R}$ 上への写像とすれば，一般的に下記のように定式化される．

> **── 一般的に定式化された数理計画問題 ──**
>
> 制約条件　$g_i(\boldsymbol{x}) = 0 \quad (i = 1,\cdots,m)$
> $\qquad\qquad h_j(\boldsymbol{x}) \leq 0 \quad (j = 1,\cdots,l)$
>
> の下で，目的関数 $f(\boldsymbol{x})$ を最小化せよ (「最大化せよ」という問題でもよいが，これは，目的関数 $f(\boldsymbol{x})$ を $-f(\boldsymbol{x})$ にすればよいだけのことである)．

特に，$f(\boldsymbol{x})$, $g_i(\boldsymbol{x})$, $h_j(\boldsymbol{x})$ のすべての関数が 1 次式である場合を**線形計画** (linear programming, 略して LP) 問題という．線形計画問題は 1947 年にダンツィク (G.B.Dantzig) が考案したシンプレックス法 (単体法) を端緒として理論展開とともに応用範囲が急速に拡大した．

線形計画問題以外が非線形計画問題であるが，目的関数 $f(\boldsymbol{x})$ が 2 次関数で，制約条件 $g_i(\boldsymbol{x})$, $h_j(\boldsymbol{x})$ が 1 次式の場合を **2 次計画** (quadratic programming, 略して QP) 問題と呼ぶ．また，計画変数 $\boldsymbol{x}$ が整数値のみに限定されるときには，**離散最適化**問題あるいは**整数計画**問題と呼ばれ，整数変数と実数変数が混ざっている場合には**混合整数計画**問題と呼ばれる．

数理計画問題において，目的関数および制約条件で規定される制約領域がともに凸性を持つ場合には**凸計画問題**と呼ばれる．凸性については第 2 章で説明

するが，凸計画問題は非凸計画問題に較べて解法が容易である．線形計画問題は凸計画問題であり，整数計画問題は非凸計画問題である．非線形計画問題は一般的に解くのが難しいが，凸計画問題であれば**クーン・タッカー定理** (H.W.Kuhn と A.W.Tucker が 1951 年に発表) が威力を発揮する．

なお，数理計画問題に関連が深い最適化問題として，**変分問題**や最適制御問題がある．これらは有限次元のベクトル空間ではなく，関数空間での最適化問題である．変分問題とは関数の関数 (これを汎関数という) として決まる数値を最大あるいは最小とする問題で，その歴史は古く，18 世紀にオイラー (L.Euler) やラグランジュ (J.-L.Lagrange) によって研究されている．**最適制御**理論は 20 世紀になって発展したもので，ポントリャーギン (L.S.Pontryagin) の最大原理やベルマン (R.E.Bellman) の**動的計画法** (これは状態空間を離散化して取り扱うため数理計画法の一種と考えられるので本書で説明する) が基本理論となっている．

本書では問題が数理モデルとして定式化された後の解法を中心に説明する．しかし，システム数理工学を現実の諸問題の解決に役立てるためには，混沌とした現実から問題の基本的な**システム構造**を見つけ，それを定式化するプロセスが，解法と同様あるいはそれ以上に重要である．そのためには対象とする問題領域についての深い理解が必要である．種々の社会システムの問題や経営上の問題について現実の状況を十分に理解した上でなければ，システム工学の対象として適切な問題を定式化することはできない．

もちろん，数理モデルの基本形式やその解法に関する知識は，現実問題をシステムとして構造化する際にも重要なヒントになる．システム数理工学の方法論は現実を観察する場合の 1 つの**世界観**を提供するといってもよいだろう．現実問題の解決を通して新たなシステムの見方が展開され，システム数理工学がいっそう充実していくことを期待したい．

2 線形計画問題の基本特性と定式化

　線形計画問題は解があれば有限回の計算で必ず解けることが保証されている．当たり前のようだが現実の問題は定式化できても解けない場合が多いので，この特長は重要である．まず，線形計画問題の基本定式である標準形および基底形式と基底解を導く．標準形は非負の変数と等号制約式で記述され，基底解は等号制約式の解として得られる．基底解のうち，非負条件を満たす可能基底解は端点になることが示される．端点とは制約条件が形成する凸多面集合の角に当たる点である．そして線形計画問題の最適解は端点，つまり可能基底解の中にあることが証明される．

> **2章で学ぶ概念・キーワード**
> - 標準形
> - 基底形式と基底解
> - 端点
> - 最適解の条件

2.1 線形計画問題の凸性

線形計画問題は目的関数も制約条件式も1次式で表現できる有限次元の実ベクトル空間で定義される最適化問題である．最適化問題の目的関数は最大化あるいは最小化されるが，ここでは第1章でも述べたように最小化問題を基本とする．

線形計画問題は**凸計画問題**である．凸計画問題とは，目的関数も制約領域も**凸性**を持つということであるが，最小化問題として定式化した場合の目的関数 $f(\boldsymbol{x})$ の凸性とは，

$$\alpha f(\boldsymbol{x}_1) + (1-\alpha)f(\boldsymbol{x}_2) \geq f(\alpha \boldsymbol{x}_1 + (1-\alpha)\boldsymbol{x}_2)$$
$$0 \leq \alpha \leq 1$$

が成立すること，つまり $f(\boldsymbol{x})$ が下に凸であることである (最大化問題の場合に

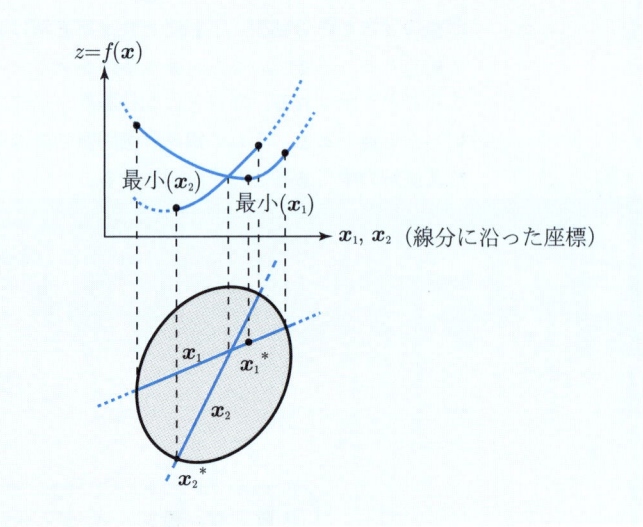

図 2.1　凸計画問題の最適解の条件

制約領域を任意の直線で切り取ると，制約領域の凸性より，1本の線分 $\boldsymbol{x}_i$ が得られる．目的関数 $f(\boldsymbol{x})$ が下に凸であれば，この線分上で $f(\boldsymbol{x})$ が最小になる点は，$f(\boldsymbol{x})$ の停留点 (図の場合は $\boldsymbol{x}_1^*$) か，あるいは線分の端，つまり制約領域の境界 (図の場合は $\boldsymbol{x}_2^*$) になる．

2.1 線形計画問題の凸性

は $f(\boldsymbol{x})$ が上に凸).一方,制約領域の凸性とは,制約領域内にある任意の計画変数ベクトル $\boldsymbol{x}_1, \boldsymbol{x}_2$ について,その内分点も制約領域内にあるということ,つまり,下式が成立することである.

> $\boldsymbol{x}_1 \in$ 制約領域,$\boldsymbol{x}_2 \in$ 制約領域
> $\to \boldsymbol{x} = \alpha \boldsymbol{x}_1 + (1-\alpha)\boldsymbol{x}_2 \in$ 制約領域 $(0 \le \alpha \le 1)$

少し先走っていえば,凸計画問題の最適解は評価関数の停留点 ($\nabla f(\boldsymbol{x}^*) = \boldsymbol{0}$ を満足する点) か制約領域の境界に存在する (図 2.1 参照).第 5 章で証明する**クーン・タッカー定理**は,境界における目的関数の傾斜条件を含めて,これを数学的に表現したものである.特に線形計画問題においては,評価関数に停留点がないので制約領域の境界に最適解が存在する.

さて,線形計画問題では,目的関数も制約条件式も 1 次関数であるので,計画変数ベクトル $\boldsymbol{x}$ を n 次元列ベクトルとして,下記のように定式化される.

$$\boldsymbol{x} = \begin{bmatrix} x_1 \\ \vdots \\ x_n \end{bmatrix} \tag{2.1}$$

$$\text{最小化} \quad z = c_1 x_1 + \cdots + c_n x_n \tag{2.2}$$

$$\begin{aligned}
\text{条 件} \quad & a_{11}x_1 + \cdots + a_{1n}x_n \le b_1 \\
& a_{21}x_1 + \cdots + a_{2n}x_n \le b_2 \\
& \quad\quad\quad \vdots \\
& a_{m1}x_1 + \cdots + a_{mn}x_n \le b_m
\end{aligned} \tag{2.3}$$

制約条件 (2.3) を行列で表現すれば,

$$A\boldsymbol{x} \le \boldsymbol{b}$$

ここで,

$$A = \begin{bmatrix} a_{11} & \cdots & a_{1n} \\ & \cdots & \\ \vdots & \cdots & \vdots \\ a_{m1} & \cdots & a_{mn} \end{bmatrix}, \quad \boldsymbol{b} = \begin{bmatrix} b_1 \\ \vdots \\ b_m \end{bmatrix}$$

となる．

なお，ここでは制約条件をすべて不等号制約として表記したが，これは一般性を失わない．なぜなら，等号制約条件

$$Ax = b$$

は，2つの不等号制約条件，

$$Ax \geq b \quad \text{かつ} \quad Ax \leq b$$

と同値だからである．不等号の向きが気になるようなら，最初の不等号制約を

$$-Ax \leq -b$$

と表記すればよい．

線形計画問題の目的関数 $f(x)$ は1次関数であるので，

$$\alpha f(x_1) + (1-\alpha)f(x_2) = f(\alpha x_1 + (1-\alpha)x_2)$$

となり，常に等号が成立する特別なケースであるが凸性の条件を満たし，

$$Ax_1 \leq b$$
$$Ax_2 \leq b$$

ならば，

$$x = \alpha x_1 + (1-\alpha)x_2 \quad (0 \leq \alpha \leq 1)$$

として，

$$Ax \leq b$$

が成立するので，制約条件も凸性を持つ．

したがって，線形計画問題は凸計画問題である．

なお，制約領域内にあるが，制約領域内のほかの2点を結ぶ線分の内点として表現できない点を**端点** (extreme point) と呼ぶ．端点とは文字通り制約条件の端にある点であり，制約領域が多面体の場合にはその頂点に当たる点と考えればよい．本章の最後で，線形計画問題の最適解は端点の中にあることが証明される．

2.2 線形計画問題の例

いま,エネルギーとして電気とガスを組み合わせて使う場合を考えよう.電気を x_1 kcal,ガスを x_2 kcal 購入して,費用最小でネルギー需要を満たすとする.ただし,電気とガスでは使い勝手が違うし,環境にも配慮しなければならないのでいくつかの制約条件がつく.ここでは全く**架空の例**として以下のように想定する.

電気とガスのカロリー当たり単価は 3:1 である.
① 電気とガスを合計したエネルギー需要は 3 kcal 以上である.
② 電気を多く使う場合でもガスの使用量との差を 4 kcal 以下にしなければならない.
③ 電気 1kcal の生産当たり発生する CO_2 を 1 単位としてガス 1 kcal は 2 単位の CO_2 を発生するとし,合計の CO_2 発生量を 10 単位以下に制約する.
④ ガスより電気がエネルギーとしての使い勝手がよいので,ガス 1 kcal の効用を 1 単位として電気のそれを 4 とし,両者を合わせた効用を 8 単位以上にしなければならない.

これを線形計画問題として定式化すると以下のようになる.

エネルギー組合せの線形計画問題の例題

費用最小化の目的は

  最小化 $z = 3x_1 + x_2$

と表現され,①~④ の制約は次のように表現される.

  条 件 $x_1 + x_2 \geq 3$ ① エネルギー需要充足
      $x_1 - x_2 \leq 4$ ② ガスに対する電気選好の上限
      $x_1 + 2x_2 \leq 10$ ③ CO_2 排出上限
      $4x_1 + x_2 \geq 8$ ④ 効用の下限

また,電力とガスの購入量は負の値にはならないので,計画変数には非負条件 ($x_1 \geq 0$, $x_2 \geq 0$) がつく.

本書の第 2 章と第 3 章での線形計画法の具体的な数値例による説明では一貫してこの例題を用いることにする.

2.3 線形計画問題の標準形

線形計画法の一般的解法の説明では，下記のように，計画変数を非負とし，すべての制約条件を等号制約として表現する**標準形** (standard form) が用いられる．

$$
\begin{aligned}
\text{最小化} \quad & z = c_1 x_1 + \cdots + c_n x_n \\
\text{条件} \quad & \left. \begin{array}{l} a_{11} x_1 + \cdots + a_{1n} x_n = b_1 \\ \quad\quad\quad \vdots \\ a_{m1} x_1 + \cdots + a_{mn} x_n = b_m \end{array} \right\} \text{等号制約} \\
& x_1, x_2, \cdots, x_n \geq 0 \quad\quad\quad \text{非負条件}
\end{aligned}
$$

標準形の線形計画問題について考察することで一般性が失われないのは，任意の線形計画問題は標準形に帰着できるからである．これは，非負の計画変数を追加することで示すことができる．特に，不等号制約式に導入して等号制約式に変換する追加変数を**スラック変数**と呼ぶ．

つまり，**不等号制約式**は，スラック変数 $x_{n+1} \geq 0$ を追加することで

$$a_{11} x_1 + \cdots + a_{1n} x_n \leq b_1$$

$$\downarrow$$

$$a_{11} x_1 + \cdots + a_{1n} x_n + \underline{x_{n+1}} = b_1$$

と**等号制約式**に変換することができる．また，**符号制約**のない計画変数 x_i は非負の計画変数を 2 個 (x_i^+ と x_i^-) 導入して，次のように表現できる．

$$x_i = x_i^+ - x_i^-, \quad x_i^+ \geq 0, \quad x_i^- \geq 0$$

なお，行列とベクトルで表現すれば，標準形の線形計画問題は下記のようになる．

$$
\boldsymbol{x} = \begin{bmatrix} x_1 \\ \vdots \\ x_n \end{bmatrix}, \ \boldsymbol{c} = [c_1, \cdots, c_n], \ A = \begin{bmatrix} a_{11} & \cdots & a_{1n} \\ & \cdots & \\ \vdots & \cdots & \vdots \\ a_{m1} & \cdots & a_{mn} \end{bmatrix}, \ \boldsymbol{b} = \begin{bmatrix} b_1 \\ \vdots \\ b_m \end{bmatrix}
$$

として (目的関数における係数ベクトル $\boldsymbol{c}$ は行ベクトルで表現する)，

2.3 線形計画問題の標準形

$$\begin{aligned}&\text{最小化}\quad z = \boldsymbol{cx} \\ &\text{条 件}\quad A\boldsymbol{x} = \boldsymbol{b} \\ &\qquad\qquad \boldsymbol{x} \geq \boldsymbol{0}\end{aligned} \qquad (2.4)$$

また，$\boldsymbol{P}_0 = \boldsymbol{b} = [b_1, \cdots, b_m]^{\mathrm{T}}$ とし，等号制約式における各計画変数の係数を，

$$\boldsymbol{P}_1 = \begin{bmatrix} a_{11} \\ \vdots \\ a_{m1} \end{bmatrix}, \cdots, \quad \boldsymbol{P}_n = \begin{bmatrix} a_{1n} \\ \vdots \\ a_{mn} \end{bmatrix}$$

つまり，$A = [\boldsymbol{P}_1 \ \cdots \ \boldsymbol{P}_n]$ とすると，等号制約条件式は，

$$\begin{aligned} A\boldsymbol{x} &= [\boldsymbol{P}_1 \ \cdots \ \boldsymbol{P}_n] \begin{bmatrix} x_1 \\ \vdots \\ x_n \end{bmatrix} \\ &= x_1 \boldsymbol{P}_1 + x_2 \boldsymbol{P}_2 + \cdots + x_n \boldsymbol{P}_n = \boldsymbol{b} = \boldsymbol{P}_0 \end{aligned} \qquad (2.5)$$

と表現できる．

前節で説明した線形計画問題の例を標準形で表現すれば，スラック変数 x_3, x_4, x_5, x_6 を導入して，下記のようになる．

$$\begin{cases} x_1 + x_2 - x_3 &= 3 \\ x_1 - x_2 \quad\quad + x_4 &= 4 \\ x_1 + 2x_2 \quad\quad\quad + x_5 &= 10 \\ 4x_1 + x_2 \quad\quad\quad\quad - x_6 &= 8 \end{cases} \qquad (2.6)$$
$$x_1, \cdots, x_6 \geq 0$$

また，これを $\boldsymbol{P}_i$ ベクトルで表現すると下記のようになる．

P_1	P_2	P_3	P_4	P_5	P_6	P_0
1	1	-1	0	0	0	3
1	-1	0	1	0	0	4
1	2	0	0	1	0	10
4	1	0	0	0	-1	8

なお，$\boldsymbol{c} = [3, 1, 0, 0, 0, 0]$ である．

2.4 基底形式と基底解

標準形で表現した線形計画問題の等号制約式は，n 個の変数を持つ m 本の連立1次方程式になっている ($n > m$ を仮定している)．ここで，m 本の1次式が互いに独立である (つまり，どの1次式もほかの1次式の線形結合で表現することができない) とすると，n 個の計画変数の中の任意の m 個の変数 (ここでは，x_i ($i = 1, \cdots, m$) とする) は，連立1次方程式の解として決定することができる．なお，m 本の1次式が互いに独立であるということは，前節で導入した計画変数の m 個の係数ベクトル (m 次元列ベクトル) $\boldsymbol{P}_i$ ($i = 1, \cdots, m$) が互いに線形独立であるということである．

つまり，n 個の計画変数から m 個を選んで (この m 個の計画変数を**基底変数**，それら以外の選ばれなかった残りの $n - m$ 個の変数を**非基底変数**と呼ぶ)，等号制約条件を以下の形式に整理することができる．

$x_1, \cdots, x_m$：基底変数，$x_{m+1}, \cdots, x_n$：非基底変数として，

$$\begin{cases} x_1 + \quad \cdots \quad + a'_{1\ m+1} x_{m+1} + \cdots + a'_{1n} x_n = b'_1 \\ \quad x_2 + \cdots + a'_{2\ m+1} x_{m+1} + \cdots + a'_{2n} x_n = b'_2 \\ \qquad \qquad \vdots \\ \quad x_m + a'_{m\ m+1} x_{m+1} + \cdots + a'_{mn} x_n = b'_m \end{cases} \tag{2.7}$$

この形式を**基底形式** (basic form) という．

なお，$x_i \geq 0$ であるので，(2.7) 式は下記の不等式と同値である．

$$\begin{cases} a'_{1\ m+1} x_{m+1} + \cdots + a'_{1n} x_n \leq b'_1 \\ a'_{2\ m+1} x_{m+1} + \cdots + a'_{2n} x_n \leq b'_2 \\ \qquad \vdots \\ a'_{m\ m+1} x_{m+1} + \cdots + a'_{mn} x_n \leq b'_m \end{cases} \tag{2.8}$$

つまり，(2.7) 式で示される n 次元空間における m 個の**超平面**が交わってできる制約領域は，(2.8) 式で示される $n - m$ 次元空間における m 個の超平面の片側で囲まれる領域 (これを**凸多面集合**という) と同じものを表している．n 個の変数の間に m 個の制約式があると，**独立な変数**は $n - m$ 個になり，制約領域は $n - m$ 次元空間で表現されることになる．

2.4 基底形式と基底解

計画変数の係数ベクトル $\boldsymbol{P}_i$ を用いると,基底形式は次のように導かれる.

$A\boldsymbol{x} = \boldsymbol{b}$ は,$[\boldsymbol{P}_1 \quad \boldsymbol{P}_2 \quad \cdots \quad \boldsymbol{P}_n]\boldsymbol{x} = \boldsymbol{P}_0$ であり,$B = [\boldsymbol{P}_1 \quad \cdots \quad \boldsymbol{P}_m]$ と置くと,$\boldsymbol{P}_i\ (i=1,\cdots,m)$ が線形独立だから,B は正則な正方行列 $(m \times m)$ となり,$A = [B \quad \boldsymbol{P}_{m+1} \quad \cdots \quad \boldsymbol{P}_n]$ と表現される.B は基底変数 $(m$ 個$)$ の係数ベクトルで構成された正方行列である.これより,

$$
\begin{aligned}
B^{-1}A\boldsymbol{x} &= \begin{bmatrix} I & B^{-1}\boldsymbol{P}_{m+1} & \cdots & B^{-1}\boldsymbol{P}_n \end{bmatrix} \boldsymbol{x} \\
&= \begin{bmatrix}
1 & 0 & \cdots & 0 & a'_{1\ m+1} & \cdots & a'_{1n} \\
0 & 1 & \cdots & 0 & a'_{2\ m+1} & \cdots & a'_{2n} \\
\vdots & \vdots & \ddots & \vdots & \vdots & \cdots & \vdots \\
0 & 0 & \cdots & 1 & a'_{m\ m+1} & \cdots & a'_{mn}
\end{bmatrix} \boldsymbol{x} \\
&= B^{-1}\boldsymbol{P}_0 \\
&= B^{-1}\boldsymbol{b} \qquad\qquad\qquad\qquad\qquad\qquad\qquad (2.9)
\end{aligned}
$$

$B^{-1}\boldsymbol{P}_0 = \boldsymbol{b}'$ とすると,基底形式 (2.7) が得られる.

ここで,非基底変数 $x_j\ (j = m+1, \cdots, n)$ をすべてゼロとして得られる解 $\boldsymbol{x}^*$ を**基底解** (basic solution) という.

$$
\boldsymbol{x}^* = \begin{bmatrix} x_1 \\ \vdots \\ x_m \\ 0 \\ \vdots \\ 0 \end{bmatrix}
$$

$$
= \begin{bmatrix} b'_1 \\ \vdots \\ b'_m \\ 0 \\ \vdots \\ 0 \end{bmatrix} \qquad\qquad\qquad\qquad\qquad\qquad\qquad (2.10)
$$

表 2.1 例題(標準形は (2.6) 式)における基底解

基底解	①	②	③	④	⑤	⑥	⑦	⑧	⑨	⑩	⑪	⑫	⑬	⑭	⑮
x_1	0	0	0	0	0	3	4	10	2	$\frac{7}{2}$	-4	$\frac{5}{3}$	6	$\frac{12}{5}$	$\frac{6}{7}$
x_2	0	3	-4	5	8	0	0	0	0	$-\frac{1}{2}$	7	$\frac{4}{3}$	2	$-\frac{8}{5}$	$\frac{32}{7}$
x_3	-3	0	-7	2	5	0	1	7	-1	0	0	0		$-\frac{11}{5}$	$\frac{17}{7}$
x_4	4	7	0	9	12	1	0	-6	2	0	15	$\frac{11}{3}$	5	0	$\frac{54}{7}$
x_5	10	4	18	0	-6	7	6	0	8	$\frac{15}{2}$	0	$\frac{17}{3}$	0	$\frac{54}{5}$	0
x_6	-8	-5	-12	-3	0	4	8	32	0	$\frac{11}{2}$	-17	0	18	0	0
可能基底解 $(z=z_0)$						◎ $(z_0=9)$	◎ $(z_0=12)$					☆ $(z_0=\frac{19}{3})$	◎ $(z_0=20)$		◎ $(z_0=\frac{50}{7})$

注)◎と☆は可能基底解(そのうち,☆は最適解).

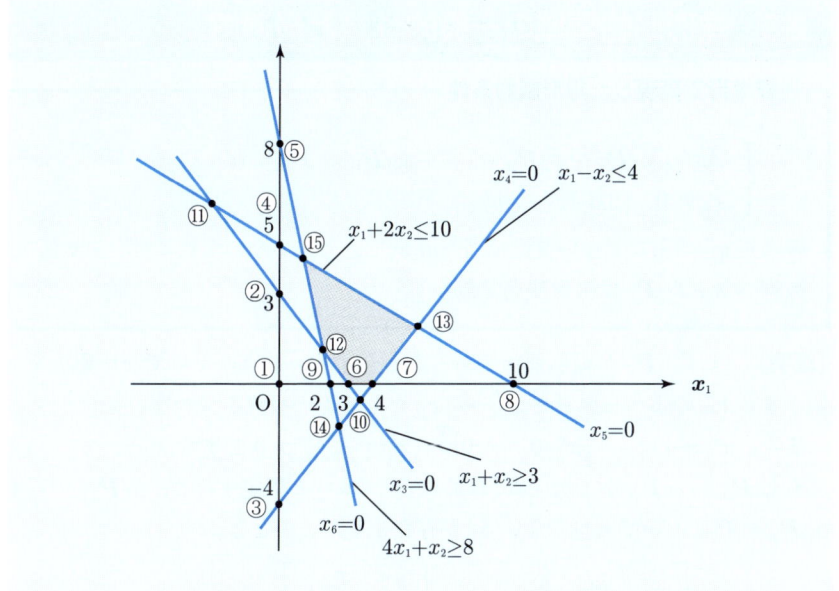

図 2.2 例題の基底解の x_1–x_2 平面における位置

特に，$\boldsymbol{x}^* \geq \boldsymbol{0}$ (非負条件を満たす) のとき**可能基底解** (feasible basic solution) という．つまり，n 次元の変数ベクトルが独立な等号制約式 m 本で構成される制約領域では，計画変数 n 個の内 m 個 (基底変数) は制約式が構成する連立 1 次方程式によって決まり，残り $n-m$ 個の変数 (非基底変数) は自由に設定できるが，非基底変数をすべてゼロとしたものが基底解であり，その中で**非負条件**を満たすものが可能基底解である．

2.2 節で示した線形計画問題の例 (その標準形は (2.6) 式で示した) では，n が 6，m が 4 なので，基底変数の選び方，つまり基底解の数は $_6C_4 = 15$ 通りある．これら基底解を表 2.1 に示す．また，この例題の場合には，(x_1, x_2) 平面 ($n-m=2$ 次元) で制約領域が図示できるので，基底解のこの平面上での分布と 5 個の可能基底解 (⑥, ⑦, ⑫, ⑬, ⑮) の位置を図 2.2 に示す．

2.5 線形制約領域の一般的性質と最適解

標準形で表現した線形制約条件

$$\begin{cases} A\boldsymbol{x} = x_1\boldsymbol{P}_1 + x_2\boldsymbol{P}_2 + \cdots + x_n\boldsymbol{P}_n = \boldsymbol{P}_0 = \boldsymbol{b} \\ x_i \geq 0 \quad (i = 1, \cdots, n) \end{cases}$$

の端点 $\boldsymbol{x}^{\mathrm{e}}$ のゼロでない要素は高々 m 個で,ゼロでない変数に対応する係数列ベクトル $\boldsymbol{P}_i$ は線形独立である.

[証明] まず,$\boldsymbol{P}_i$ が線形独立であることを示す.端点のゼロでない要素を p 個とする (このような要素を $x_1, \cdots, x_p$ としても一般性を失わない).

また,$\boldsymbol{x}^{\mathrm{e}} = \left[x_1^{\mathrm{e}}, \cdots, x_p^{\mathrm{e}}, 0, \cdots, 0\right]^{\mathrm{T}}$,$x_1^{\mathrm{e}}, \cdots, x_p^{\mathrm{e}} > 0$ とする.

もし $\boldsymbol{P}_1, \cdots, \boldsymbol{P}_p$ が 1 次従属 (線形独立でない) と仮定すると,$\alpha_1\boldsymbol{P}_1 + \cdots + \alpha_p\boldsymbol{P}_p = \boldsymbol{0}$ においてゼロでない α_i が存在する.このとき

$$\boldsymbol{x}_1 = \begin{bmatrix} x_1^{\mathrm{e}} + k\alpha_1 \\ \vdots \\ x_p^{\mathrm{e}} + k\alpha_p \\ 0 \\ \vdots \\ 0 \end{bmatrix}, \quad \boldsymbol{x}_2 = \begin{bmatrix} x_1^{\mathrm{e}} - k\alpha_1 \\ \vdots \\ x_p^{\mathrm{e}} - k\alpha_p \\ 0 \\ \vdots \\ 0 \end{bmatrix} \quad (ここで, k > 0)$$

と置くと,$\boldsymbol{x}_1 \neq \boldsymbol{x}_2$ であり,k を十分小さくとると $\boldsymbol{x}_1, \boldsymbol{x}_2 \geq \boldsymbol{0}$ となる.また,

$$(x_1^{\mathrm{e}} \pm k\alpha_1)\boldsymbol{P}_1 + \cdots + (x_p^{\mathrm{e}} \pm k\alpha_p)\boldsymbol{P}_p$$
$$= (x_1^{\mathrm{e}}\boldsymbol{P}_1 + \cdots + x_p^{\mathrm{e}}\boldsymbol{P}_p) \pm k(\alpha_1\boldsymbol{P}_1 + \cdots + \alpha_p\boldsymbol{P}_p) = \boldsymbol{P}_0$$

となるので,$\boldsymbol{x}_1$ と $\boldsymbol{x}_2$ はともに線形制約領域内にある.ところが,$\boldsymbol{x}^{\mathrm{e}} = \frac{1}{2}(\boldsymbol{x}_1 + \boldsymbol{x}_2)$ であり,これは $\boldsymbol{x}^{\mathrm{e}}$ が端点であること (制約領域内の 2 点を結ぶ線分の内点として表現されないこと) に矛盾する.よって,$\boldsymbol{P}_1, \cdots, \boldsymbol{P}_p$ は線形独立 (1 次独立) である.また,$\boldsymbol{P}_i$ は m 次元ベクトルであるから,$p \leq m$,つまり,端点 $\boldsymbol{x}^{\mathrm{e}}$ のゼロでない要素は高々 m 個である.なお,**縮退** (2 つ以上の端点が重なっている状態) している場合に,p が m より小さくなるが,こ

2.5 線形制約領域の一般的性質と最適解　　23

こではこのような状態は想定せず，$p = m$ と考える．　　■

以上の説明からわかるように，端点は可能基底解であり，可能基底解は端点である．

以上の準備によって，線形計画問題の最適解は端点にあることが証明できる．つまり，

> 線形計画問題の目的関数 $z = c_1 x_1 + \cdots + c_n x_n = \boldsymbol{cx} = f(\boldsymbol{x})$ は，端点において最小値 (または最大値) をとる．

これを証明する．(2.10) 式で表現される可能基底解すなわち端点の数を k 個とし ($k \leq {}_n\mathrm{C}_m$)，$\boldsymbol{x}^{\mathrm{e}i}$ ($i = 1, \cdots, k$) とする．ここで，線形制約領域内にある任意の計画変数ベクトル $\boldsymbol{x}$ が端点の線形結合によって，次の式で表現できると仮定する (この仮定の吟味は後で行う)．

$$\begin{cases} \boldsymbol{x} = \alpha_1 \boldsymbol{x}^{\mathrm{e}1} + \cdots + \alpha_k \boldsymbol{x}^{\mathrm{e}k} \\ \alpha_1 + \alpha_2 + \cdots + \alpha_k = 1, \quad \alpha_i \geq 0 \end{cases} \tag{2.11}$$

各端点の目的関数の値を小さい順に並べ，$f(\boldsymbol{x}^{\mathrm{e}1}) \leq f(\boldsymbol{x}^{\mathrm{e}2}) \leq \cdots \leq f(\boldsymbol{x}^{\mathrm{e}k})$，つまり，$\boldsymbol{cx}^{\mathrm{e}1} \leq \boldsymbol{cx}^{\mathrm{e}2} \leq \cdots \leq \boldsymbol{cx}^{\mathrm{e}k}$ とする．このとき，制約条件を満たす任意の計画変数ベクトル $\boldsymbol{x}$ に対する目的関数の値 z は，

$$\begin{aligned} z = f(\boldsymbol{x}) = \boldsymbol{cx} &= \boldsymbol{c} \cdot \sum_{i=1}^{k} \alpha_i \boldsymbol{x}^{\mathrm{e}i} = \sum_{i=1}^{k} \alpha_i \boldsymbol{cx}^{\mathrm{e}i} \\ &\geq \sum_{i=1}^{k} \alpha_i \boldsymbol{cx}^{\mathrm{e}1} = f(\boldsymbol{x}^{\mathrm{e}1}) \cdot \sum_{i=1}^{k} \alpha_i = f(\boldsymbol{x}^{\mathrm{e}1}) \end{aligned}$$

すなわち，$f(\boldsymbol{x}) \geq f(\boldsymbol{x}^{\mathrm{e}1})$ となり，端点 $\boldsymbol{x}^{\mathrm{e}1}$ が目的関数を最小にする最適解であることがわかる．

さて，(2.11) 式の仮定は成立するだろうか．線形制約領域は凸性を持つから端点以外の制約領域内の点はほかの点の内分点として表現されるので，この仮定が正しいことに疑いの余地はないように思われる．実際，この仮定は正しいが，これを厳密に証明するには，制約領域が**有界**でない場合の端点の設定法や**閉集合**の定義の説明など数学的準備が必要になるので，ここでは省略する．

2章の問題

□ **1** 最適計画問題の凸性に関する次の問に答えよ．

(1) 制約領域が凸である図は次のうちどれか．

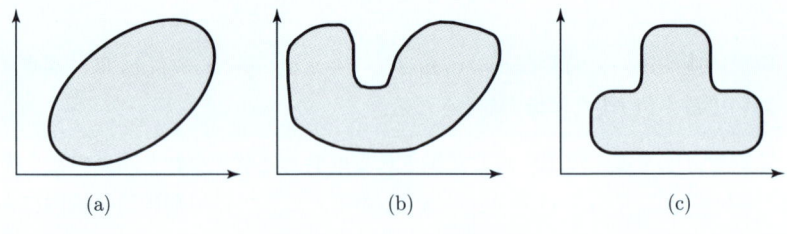

図 2.3

(2) 目的関数が凸である図は次のうちどれか．

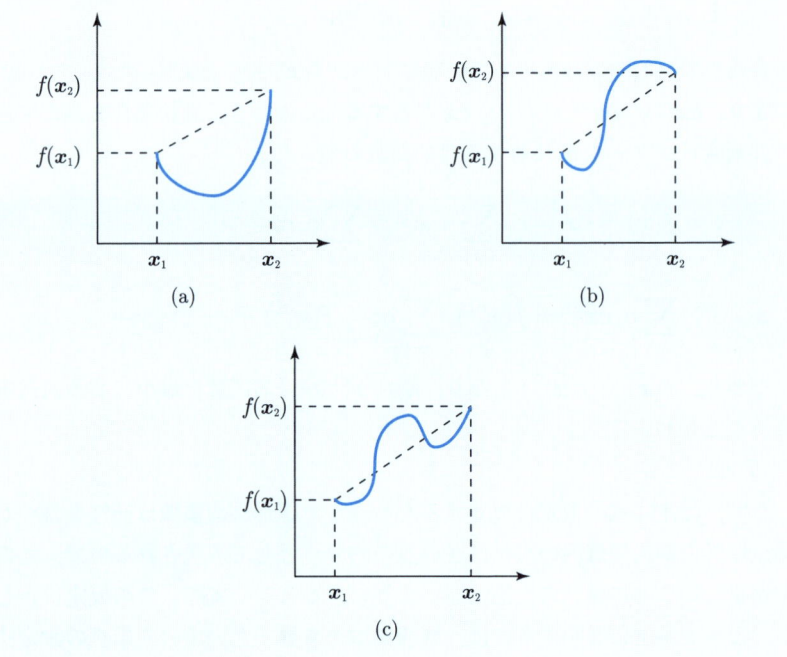

図 2.4

(3) 線形計画問題の凸性を証明せよ．

2 線形計画問題の定式化に関する次の問に答えよ．
(1) 符号条件のない変数 x を非負の変数で表現する方法を示せ．
(2) 非負の変数に関する下記の不等式制約を，非負の変数による等号制約に変換する方法を示せ．

$$x_1 + 3x_2 \geq 4$$

(3) 次の制約領域を図に描き，全ての端点を求めよ．

$$x_1 + x_2 + x_3 = 2$$
$$x_1 \geq 0, \quad x_2 \geq 0, \quad x_3 \geq 0$$

3 次の問題を定式化せよ．

ある電力会社で，100 MWh の電力量を発電する．所有している発電機の種類および単位発電量当たりの燃料費は下表に示すとおりであり，発電に必要な燃料コストを最小としたい．なお，発電を行うに当たり，次の制約条件を満たさなければならない．なお，数値は架空のものである．

- 総発電量は 100 MWh に等しい．
- 風力発電の発電した電気は品質が悪い (出力が変動しやすい) ため，品質のよい石炭火力と石油火力の合計発電量の 10 分の 1 以下でなければならない．
- 単位発電量当たりの二酸化炭素排出量は石炭火力で 1 トン/MWh，石油火力では 0.7 トン/MWh であるが，二酸化炭素排出量の合計が 26 トンをこえてはならない．
- 電力会社の社員は 600 名であり，発電の規模に応じて，人員を配置する．1 MWh 当たりの発電に必要な人員を下表に示す．

表 2.2 1 MWh 当たりの発電に必要な燃料費と人員

	原子力	石炭火力	石油火力	風力
燃料費 [円/MWh]	3000	4000	6000	0
人員配置 [人/MWh]	7	4	3	6

3 線形計画問題の解法

　目的関数を改善するように可能基底解 (端点) をたどって最適解に到達する方法が線形計画問題の基本解法であり，これをシンプレックス法という．本章の前半ではシンプレックス法について詳しく説明する．また，最小化問題として定式化される線形計画問題 (主問題) には最大化問題として定式化される双対問題があり，主問題と双対問題のそれぞれの最適解のシンプレックス乗数 (シャドープライス) がお互いに相手の最適解になり，最適な目的関数の値は一致する．これを双対性という．双対性を利用して，最適性の条件を満たす非可能基底解から出発して最適解 (可能基底解) にいたる解法が双対シンプレックス法である．いずれの解法も基本アルゴリズムは基底変数の入れ替えであり，有限回の探索で最適解に到達することが保証される．なお，制約領域の内点から出発して反復法によって近似解を求める内点法についても概要を述べる (詳しくは主双対内点法を取り上げて第5章で説明する).

> **3章で学ぶ概念・キーワード**
> - シンプレックス法
> - 基底の入れ替え
> - 双対性
> - シンプレックス乗数
> - 双対シンプレックス法

3.1 最適性の条件

> **標準形の線形計画問題**
>
> 最小化 　$z = cx$
>
> 条　件 　$Ax = b$
>
> 　　　　$x \geq 0$
>
> ただし，
>
> $A = [a_{ij}]：m \times n$ 行列
>
> $b = [b_i]：m$ 次元列ベクトル
>
> $x = [x_i]：n$ 次元列ベクトル
>
> $c = [c_j]：n$ 次元行ベクトル
>
> である．

この制約式を基底形式に変換し，目的関数 z も非基底変数 x_j ($j = m+1, \cdots, n$) だけで表現する．

$$
\begin{aligned}
\text{条　件} \quad & x_1 \phantom{{}+x_2} + a'_{1m+1}x_{m+1} + \cdots + a'_{1n}x_n = b'_1 \\
& x_2 + a'_{2m+1}x_{m+1} + \cdots + a'_{2n}x_n = b'_2 \\
& \ddots \quad\quad \vdots \quad\quad\quad\quad\quad \vdots \\
& x_m + a'_{mm+1}x_{m+1} + \cdots + a'_{mn}x_n = b'_m \\
& x_i \geq 0
\end{aligned}
\tag{3.1}
$$

$$
\text{最小化} \quad z = z_0 + c'_{m+1}x_{m+1} + \cdots + c'_n x_n \tag{3.2}
$$

このとき，

$$
b'_i \geq 0 \quad (i = 1, \cdots, m) \tag{3.3}
$$

$$
c'_j \geq 0 \quad (j = m+1, \cdots, n) \tag{3.4}
$$

の両方の条件が成立するなら，

3.1 最適性の条件

$$\boldsymbol{x}^* = \begin{bmatrix} b'_1 \\ \vdots \\ b'_m \\ 0 \\ \vdots \\ 0 \end{bmatrix}, \quad z_{\min} = z_0$$

が最適解になる．

条件 (3.3) により，b'_i $(i=1,\cdots,m)$ が非負なので $\boldsymbol{x}^*$ は可能基底解 (**端点**) である．また，条件 (3.4) により，非基底変数のみで表記されている目的関数はその係数 (c'_i) がすべて非負であるため，非基底変数と基底変数を入れ替えて別の端点に移ると，基底変数に移った非基底変数が正値をとるので目的関数が大きく (係数がゼロの場合は不変に) なり，目的関数値は改善されない．つまり，(3.3) 式と (3.4) 式の 2 つの条件が**最適性の条件**である．なお，(3.3) 式は非負という制約条件に含まれるから，単に最適性の条件という場合には (3.4) 式を指す．

先の見通しを述べておくと，**シンプレックス法**とは，(3.3) 式の条件を維持しつつ，つまり可能基底解 (端点) の中から，(3.4) 式の条件が成立するものを探索する手法であり，**双対シンプレックス法**とは，(3.4) 式の条件を維持しつつ，つまり目的関数に関する最適性の条件を満たす基底解の中から，(3.3) 式 (非負条件) を満たす可能基底解を探す手法である．

2.3 節と重なる部分もあるが，(3.1), (3.2), (3.3), (3.4) 式を，標準形から行列とベクトルで導出する．前章で述べたように，標準形の等号制約式は次のように表される．

$$A\boldsymbol{x} = [\boldsymbol{P}_1 \ \cdots \ \boldsymbol{P}_m \ \boldsymbol{P}_{m+1} \ \cdots \ \boldsymbol{P}_j \ \cdots \ \boldsymbol{P}_n]\boldsymbol{x} = \boldsymbol{b} = \boldsymbol{P}_0$$

ここで，$\boldsymbol{P}_j = [a_{1j}, \cdots, a_{mj}]^{\mathrm{T}}$ は標準形の等号制約式の x_j の係数ベクトルである．次に，計画変数ベクトルを**基底変数部分**と**非基底変数部分**に分け，目的関数における計画変数の係数ベクトルも同様に分けて表示する．

$$z = \boldsymbol{c}\boldsymbol{x} = [\boldsymbol{c}_b, \boldsymbol{c}_{nb}] \begin{bmatrix} \boldsymbol{x}_b \\ \boldsymbol{x}_{nb} \end{bmatrix} = \boldsymbol{c}_b \boldsymbol{x}_b + \boldsymbol{c}_{nb} \boldsymbol{x}_{nb}$$

ここで,

$$\boldsymbol{c}_b = [c_1, \cdots, c_m], \quad \boldsymbol{c}_{nb} = [c_{m+1}, \cdots, c_n]$$

$$\boldsymbol{x}_b = \begin{bmatrix} x_1 \\ \vdots \\ x_m \end{bmatrix}, \quad \boldsymbol{x}_{nb} = \begin{bmatrix} x_{m+1} \\ \vdots \\ x_n \end{bmatrix}$$

とする.

$B \equiv [\boldsymbol{P}_1 \ \cdots \ \boldsymbol{P}_m]$ とし,$\boldsymbol{P}_1, \cdots, \boldsymbol{P}_m$ の線形独立を仮定すると,B は正則となる.よって,下記のように基底形式が導かれる.

$$B^{-1}A\boldsymbol{x} = B^{-1}A\begin{bmatrix} \boldsymbol{x}_b \\ \boldsymbol{x}_{nb} \end{bmatrix} = B^{-1}\boldsymbol{P}_0$$

$$[I \ \ B^{-1}\boldsymbol{P}_{m+1} \ \cdots \ B^{-1}\boldsymbol{P}_j \ \cdots \ B^{-1}\boldsymbol{P}_n]\begin{bmatrix} \boldsymbol{x}_b \\ \boldsymbol{x}_{nb} \end{bmatrix} = B^{-1}\boldsymbol{P}_0 \tag{3.5}$$

なお,I は $m \times m$ の単位行列である.

(3.5) 式が,(3.1) 式の行列とベクトルによる表現である.

ここで,m 次元列ベクトル (実は,これは基底形式における非基底変数の係数ベクトルであることがわかる):

$$\boldsymbol{x}_j = \begin{bmatrix} x_{1j} \\ \vdots \\ x_{ij} \\ \vdots \\ x_{mj} \end{bmatrix} \quad (j = m+1, \cdots, n)$$

を次の式を満たすように定義する.

$$\begin{aligned} \boldsymbol{P}_j &= x_{1j}\boldsymbol{P}_1 + \cdots + x_{mj}\boldsymbol{P}_m \\ &= [\boldsymbol{P}_1 \ \cdots \ \boldsymbol{P}_m]\boldsymbol{x}_j = B\boldsymbol{x}_j \end{aligned} \tag{3.6}$$

$\boldsymbol{P}_1, \cdots, \boldsymbol{P}_m$ は線形独立な m 次元列ベクトルなので,任意の m 次元列ベクトルをその線形結合として表現できる.標準形における非基底変数 x_j (スカラー)

3.1 最適性の条件

の係数ベクトル $\boldsymbol{P}_j$ をそのような線形結合で表現したとき，係数を縦に配列したベクトルとして $\boldsymbol{x}_j$ を定義している．なお，記号が似ているが，$\boldsymbol{x}_j$ と計画変数ベクトル $\boldsymbol{x}$ ($\boldsymbol{x}_b$ と $\boldsymbol{x}_{nb}$ に分けて表示する場合もある) を混同しないよう注意して欲しい．

(3.6) 式より，

$$\boldsymbol{x}_j = B^{-1}\boldsymbol{P}_j \tag{3.7}$$

を得る．(3.5) 式と (3.7) 式を比較してわかるように，$\boldsymbol{x}_j$ は基底形式における非基底変数 x_j の係数列ベクトル $\left[a'_{1j}, \cdots, a'_{ij}, \cdots, a'_{mj}\right]^{\mathrm{T}}$ になっている．つまり，

$$\begin{aligned} B^{-1}A &= \begin{bmatrix} I & B^{-1}\boldsymbol{P}_{m+1} & \cdots & B^{-1}\boldsymbol{P}_j & \cdots & B^{-1}\boldsymbol{P}_n \end{bmatrix} \\ &= \begin{bmatrix} I & \boldsymbol{x}_{m+1} & \cdots & \boldsymbol{x}_j & \cdots & \boldsymbol{x}_n \end{bmatrix} \end{aligned}$$

である．一方，

$$\begin{bmatrix} I & B^{-1}\boldsymbol{P}_{m+1} & \cdots & B^{-1}\boldsymbol{P}_j & \cdots & B^{-1}\boldsymbol{P}_n \end{bmatrix} \begin{bmatrix} \boldsymbol{x}_b \\ \boldsymbol{x}_{nb} \end{bmatrix} = B^{-1}\boldsymbol{P}_0$$

より

$$\boldsymbol{x}_b = B^{-1}\boldsymbol{P}_0 - [B^{-1}\boldsymbol{P}_{m+1} \quad \cdots \quad B^{-1}\boldsymbol{P}_j \quad \cdots \quad B^{-1}\boldsymbol{P}_n]\boldsymbol{x}_{nb}$$

であるので，z を非基底変数だけで表現すると

$$\begin{aligned} z &= \boldsymbol{c}_b \boldsymbol{x}_b + \boldsymbol{c}_{nb} \boldsymbol{x}_{nb} \\ &= \boldsymbol{c}_b B^{-1}\boldsymbol{P}_0 \\ &\quad + \left(\boldsymbol{c}_{nb} - \boldsymbol{c}_b [B^{-1}\boldsymbol{P}_{m+1} \quad \cdots \quad B^{-1}\boldsymbol{P}_j \quad \cdots \quad B^{-1}\boldsymbol{P}_n]\right)\boldsymbol{x}_{nb} \\ &= \boldsymbol{c}_b B^{-1}\boldsymbol{P}_0 + \left(\boldsymbol{c}_{nb} - \boldsymbol{c}_b [\boldsymbol{x}_{m+1} \quad \cdots \quad \boldsymbol{x}_j \quad \cdots \quad \boldsymbol{x}_n]\right)\boldsymbol{x}_{nb} \end{aligned} \tag{3.8}$$

となる．(3.8) 式が (3.2) 式のベクトル表示である．

ここで

$$z_j = \boldsymbol{c}_b \boldsymbol{x}_j \quad (j = m+1, \cdots, n), \quad z_0 = \boldsymbol{c}_b B^{-1}\boldsymbol{P}_0 \tag{3.9}$$

とすると，(3.8) 式は，

$$\begin{aligned} z &= z_0 + (\boldsymbol{c}_{nb} - [z_{m+1}, \cdots, z_j, \cdots, z_n])\boldsymbol{x}_{nb} \\ &= z_0 + [c_{m+1} - z_{m+1}, \cdots, c_j - z_j, \cdots, c_n - z_n]\boldsymbol{x}_{nb} \end{aligned} \tag{3.10}$$

となる.なお,ここで x_j は等号制約を維持しつつ非基底変数 x_j を 1 単位増加させた場合の基底変数の変化 (減少) を示しているので,$z_j = c_b x_j$ はそのような基底変数の変化に伴う目的関数の変化 (減少) の**感度**を示している[1]. 一方,非基底変数 x_j を 1 単位増加させた場合の目的関数の直接的変化 (増加) の感度は c_j である.

つまり,$c_j - z_j$ は,非基底変数 x_j を基底に入れた場合の目的関数の正味の変化 (増加) 感度を示している.

(3.10) 式を (3.2) 式と比較して,$c'_j = c_j - z_j$ である.したがって,$c'_j \geq 0$,つまり,

$$z_j - c_j \leq 0 \quad (j = m+1, \cdots, n) \tag{3.11}$$

が (3.4) 式に対応する最適性の条件である.なお,$c_j - z_j \geq 0$ とするのが自然であるが,次節で述べるシンプレックス表との対応のため不等号の向きを変えている.

また,$b'_i \geq 0 \ (i = 1 \cdots m)$,つまり,$B^{-1} \boldsymbol{P}_0 \geq \boldsymbol{0}$ なら

$$\begin{bmatrix} B^{-1}\boldsymbol{P}_0 \\ 0 \\ \vdots \\ 0 \end{bmatrix} = \begin{bmatrix} b'_1 \\ \vdots \\ b'_m \\ 0 \\ \vdots \\ 0 \end{bmatrix} \tag{3.12}$$

が可能基底解となる.$z_j - c_j \leq 0 \ (j = m+1, \cdots, n)$ と $B^{-1}\boldsymbol{P}_0 \geq \boldsymbol{0}$ の両者が満たされれば,これが最適解になる.

---

[1] (3.5) 式において非基底変数部分を表す $\boldsymbol{x}_{nb}$ の中から,x_j を選び,それを新しく基底に入れるとする.基底に入れることで係数列ベクトルを掛けた $B^{-1}\boldsymbol{P}_j x_j = \boldsymbol{x}_j x_j$ が等号制約式に値を持って加わることになる.非基底変数である x_j は元々はゼロであるので,x_j が値を持つと等号制約式は満たされなくなる.そこで,等号制約式を満たすために,基底変数部分 $\boldsymbol{x}_b$ を $\boldsymbol{x}_j x_j$ だけ減少させて調整する.その結果,目的関数は $\boldsymbol{c}_b \boldsymbol{x}_j x_j$ だけ減少する.つまり,$z_j = \boldsymbol{c}_b \boldsymbol{x}_j$ は非基底変数 x_j が 1 単位増加したときに,基底変数の変化を通した目的関数の変化 (減少) 感度を示している.

3.2 シンプレックス表

(3.1) 式と (3.2) 式の係数を表形式で表したものを**シンプレックス表** (単体表) という．シンプレックス表は，線形計画問題を基底形式に変換してすべての情報を盛り込んだもので，基底変数を入れ替える解法のステップごとに繰り返し出てくる．一般にシンプレックス表は次のように構成される．

表 3.1 シンプレックス表の構成

		c_1 $\cdots$ c_i $\cdots$ c_m	c_{m+1} $\cdots$ c_j $\cdots$ c_n	
	P_0	P_1 $\cdots$ P_i $\cdots$ P_m	P_{m+1} $\cdots$ P_j $\cdots$ P_n	(計画変数を示す)
P_1	b'_1	1 $\quad$ 0 $\cdots$ 0	x_{1m+1} $\cdots$ x_{1j} $\quad$ x_{1n}	
$\vdots$	$\vdots$	$\vdots$ $\ddots$ $\quad$ $\vdots$	$\vdots$ $\quad\quad$ $\vdots$ $\quad\quad$ $\vdots$	
P_l	b'_i	0 $\quad$ 1 $\quad$ 0	x_{lm+1} $\cdots$ x_{ij} $\quad$ x_{ln}	(基底形式の
$\vdots$	$\vdots$	$\vdots$ $\quad\ddots$ $\vdots$	$\vdots$ $\quad\quad$ $\vdots$ $\quad\quad$ $\vdots$	基計画変数の係数)
P_m	b'_m	0 $\cdots$ 0 $\cdots$ 1	x_{mm+1} $\cdots$ x_{mj} $\quad$ x_{mn}	
	z_0	c_1 $\cdots$ c_l $\cdots$ c_m	z_{m+1} $\cdots$ z_k $\quad$ z_n	($z_j = c_b x_j$)
		0 $\cdots$ 0 $\cdots$ 0	$z_{m+1}-c_{m+1}$ $\cdots$ z_k-c_k $\cdots$ z_n-c_n	($-c'_j$)

シンプレックス表の第 1 列は基底変数を示す (計画変数 x_i で表示してもよいがここでは計画変数の係数ベクトル P_i で表記する)．第 1 行は目的関数における各計画変数の係数であり，それぞれ第 2 行の計画変数に対応している．第 2 列は，基底解における基底変数の値であり，その下にその基底解の目的関数の値 z_0 を示す．それ以外は，表の右に説明するように，基底形式の各変数の係数と z_j およびそれから計算される目的関数の係数 (符号は逆転) である．

ただし，基底形式における基底変数の係数は常に 1 であるので，この部分 (単位行列) を省略し，また，c_i や z_j も省略して，(3.1) 式と (3.2) 式の係数と定数 (b'_i と z_0) のみの情報として簡易化したものを**簡易シンプレックス表**という．本書ではもっぱら簡易シンプレックス表 (以降はこれを単にシンプレックス表と呼ぶ) を用いて説明する．

前節で導出したように，(簡易) シンプレックス表は次のようになる．

	$\boldsymbol{P}_0$	$\boldsymbol{P}_{m+1}$	$\cdots$	$\boldsymbol{P}_j$	$\cdots$	$\boldsymbol{P}_n$
$\boldsymbol{P}_1$ $\vdots$ $\boldsymbol{P}_m$	$\left[\begin{array}{c} B^{-1}\boldsymbol{P}_0 \end{array}\right]$	$\left[\begin{array}{c} B^{-1}\boldsymbol{P}_{m+1} \end{array}\right]$	$\cdots$	$\left[\begin{array}{c} B^{-1}\boldsymbol{P}_j \end{array}\right]$	$\cdots$	$\left[\begin{array}{c} B^{-1}\boldsymbol{P}_n \end{array}\right]$
	z_0	$z_{m+1}-c_{m+1}$	$\cdots$	z_j-c_j	$\cdots$	z_n-c_n

これを，$\boldsymbol{x}_j = B^{-1}\boldsymbol{P}_j \ (j=m+1,\cdots,n)$ を用いて表現すれば，

	$\boldsymbol{P}_0$	$\boldsymbol{P}_{m+1}$	$\cdots$	$\boldsymbol{P}_j$	$\cdots$	$\boldsymbol{P}_n$
$\boldsymbol{P}_1$ $\vdots$ $\boldsymbol{P}_m$	$\left[\begin{array}{c} B^{-1}\boldsymbol{P}_0 \end{array}\right]$	$\left[\begin{array}{c} \boldsymbol{x}_{m+1} \end{array}\right]$	$\cdots$	$\left[\begin{array}{c} \boldsymbol{x}_j \end{array}\right]$	$\cdots$	$\left[\begin{array}{c} \boldsymbol{x}_n \end{array}\right]$
	z_0	$z_{m+1}-c_{m+1}$	$\cdots$	z_j-c_j	$\cdots$	z_n-c_n

となる．(3.1) 式と (3.2) 式の係数と対応させれば，

$$B^{-1}\boldsymbol{P}_0 = \left[\begin{array}{c} b'_1 \\ \vdots \\ b'_m \end{array}\right], \quad \boldsymbol{x}_j = \left[\begin{array}{c} a'_{1j} \\ \vdots \\ a'_{mj} \end{array}\right], \quad -(z_j-c_j) = c'_j$$

となる．なお，$z_0 = \boldsymbol{c}_b B^{-1}\boldsymbol{P}_0$, $z_j = \boldsymbol{c}_b\boldsymbol{x}_j$ である．

ここで，2章で説明した例題 (p.15) におけるシンプレックス表の数値例を示す．この例題の基底解は表 2.1 に示す 15 個であるが，その内，可能基底解 (端点) は 5 個 (⑥, ⑦, ⑫, ⑬, ⑮) であり，その中の端点 ⑫ が最適解である．この最適解のシンプレックス表は下のようになる．この表に示されているように，端点 ⑫ では，$z_j - c_j$ はすべて負であり，最適性の条件を満たしている．

表 3.2　第 2 章の例題における最適解のシンプレックス表

	$\boldsymbol{P}_0$	$\boldsymbol{P}_3$	$\boldsymbol{P}_6$
$\boldsymbol{P}_1$	5/3	1/3	$-1/3$
$\boldsymbol{P}_2$	4/3	$-4/3$	1/3
$\boldsymbol{P}_4$	11/3	$-5/3$	2/3
$\boldsymbol{P}_5$	17/3	7/3	$-1/3$
	19/3	$-1/3$	$-2/3$

3.3 シンプレックス法

シンプレックス法 (単体法) は，**初期可能基底解** (探索開始の端点) を見つける第 1 段と，目的関数 z を改善する**隣の端点** (基底変数の 1 つが非基底変数と入れ替わる) に移動して最適解に至る第 2 段とから構成されるが，第 1 段は第 2 段を応用して行うので，まず第 2 段から説明する．

(1) シンプレックス法第 2 段

今，下記の最適解ではない可能基底解が見つかっているとする．

$$\boldsymbol{x}^{\mathrm{e}} = \begin{bmatrix} x_1 \\ \vdots \\ x_m \\ 0 \\ \vdots \\ 0 \end{bmatrix}, \quad x_1, \cdots, x_m > 0$$

ここで，基底変数の 1 つを非基底変数 x_j と入れ替える．基底変数の係数ベクトル $\boldsymbol{P}_1, \cdots, \boldsymbol{P}_m$ は 1 次独立であるので，x_j の m 次元係数ベクトル $\boldsymbol{P}_j$ は，$\boldsymbol{P}_j = x_{1j}\boldsymbol{P}_1 + \cdots + x_{mj}\boldsymbol{P}_m$ と表せる．これを移項して，

$$x_{1j}\boldsymbol{P}_1 + \cdots + x_{mj}\boldsymbol{P}_m - \boldsymbol{P}_j = \boldsymbol{0} \tag{3.13}$$

また，可能基底解は制約条件を満たすので，

$$x_1\boldsymbol{P}_1 + \cdots + x_m\boldsymbol{P}_m = \boldsymbol{P}_0(=\boldsymbol{b}) \tag{3.14}$$

である．

(3.14) $- \theta_j \times$ (3.13) ($\theta_j > 0$ とする) より，

$$(x_1 - \theta_j x_{1j})\boldsymbol{P}_1 + \cdots + (x_m - \theta_j x_{mj})\boldsymbol{P}_m + \theta_j \boldsymbol{P}_j = \boldsymbol{P}_0$$

を得る．つまり，$\boldsymbol{x} = [x_1 - \theta_j x_{1j}, \cdots, x_m - \theta_j x_{mj}, 0, \cdots, \theta_j, \cdots, 0]^{\mathrm{T}}$ は等号制約を満たす．

ここで，$\boldsymbol{x} \geq \boldsymbol{0}$ を維持しつつ，基底変数の 1 つをゼロにして**基底の入れ替え**を行う．

$\theta_j = \min\limits_{x_{ij} \geq 0} \left(\dfrac{x_i}{x_{ij}} \right)$ とし，(　) 内を最小にする基底変数の添え字を k と置けば，$i = k$ なる基底変数 x_k はゼロとなり，そのほかの基底変数は正値を保つ．こうして，等号制約および非負条件を維持したまま，x_k にかわって x_j が基底に入り，隣の端点に移る．

次に，この基底変数の入れ替えによって目的関数が改善されるかどうかを判定する．基底の入れ替えによって，目的関数は下記のように変化する．

$$\begin{aligned} z &= c_1(x_1 - \theta_j x_{1j}) + \cdots + c_m(x_m - \theta_j x_{mj}) + c_j \theta_j \\ &= (c_1 x_1 + \cdots + c_m x_m) - \theta_j(c_1 x_{1j} + \cdots + c_m x_{mj} - c_j) \\ &= z_0 - \theta_j(z_j - c_j) \quad (= z_0 + c'_j \theta_j：これは (3.2) 式より直接導ける) \end{aligned}$$

ただし，$z_0 = c_1 x_1 + \cdots + c_m x_m$, $z_j = \boldsymbol{c_b} \boldsymbol{x}_j = c_1 x_{1j} + \cdots + c_m x_{mj}$.

z を最小化する場合には，$z_j - c_j \geq 0$ なら改善，$z_j - c_j \leq 0$ なら改悪となる．最も z を大きく改善する j の決定のためには，$\theta_j(z_j - c_j)$ が最大になる j を見つければよい．ただし，実用的には，$z_j - c_j$ が最大になる j を用いる．

なお，すべての非基底変数について，$z_j - c_j \leq 0$ であれば，これ以上目的関数を改善する隣の端点がないので，現在の可能基底解が最適解である．これは，3.2 節の最後に述べた最適性の条件と一致する．

■ シンプレックス法における基底変数の入れ替えのまとめ ■

$z_j - c_j > 0$ となっている非基底変数 x_j $(j = m+1, \cdots, n)$ の 1 つ ($z_j - c_j$ が最大のものを選ぶ) を基底に入れて，基底変数の中から 1 つの変数 x_k を選んで基底から出す．$x_j = \theta_j$ $(\theta_j > 0)$ とする．このとき，制約条件を満たすために基底変数 x_i は，$x_i - a'_{ij} \theta_j = x_i - x_{ij} \theta_j$ $(i = 1, \cdots, m)$ と変化する．

$\boldsymbol{x} \geq \boldsymbol{0}$ を維持しつつ，基底変数の 1 つをゼロとするため，

$$\theta_j = \min\limits_{x_{ij} > 0} \left(\dfrac{x_i}{x_{ij}} \right) = \min\limits_{a'_{ij} > 0} \left(\dfrac{b'_i}{a'_{ij}} \right)$$

とすれば，(　) 内が最小になる $i = k$ の基底変数 x_k が基底から出て $x_k = 0$ になる (比較は高々 m 個).

■ 基底変数の入れ替えの例示 ■

2 章で導入した例題 (表 2.1，図 2.2 参照) について，最適でない可能基底解 (端点 ⑮) を出発点とし，基底変数を入れ替えて最適な端点 ⑫ へ移動する場合

は次のようになる.

端点⑮のシンプレックス表:

	P_0	P_5	P_6
P_1	6/7	$-1/7$	$-2/7$
P_2	32/7	4/7	1/7
P_3	17/7	3/7	$-1/7$
P_4	54/7	5/7	3/7
	50/7	1/7	$-5/7$	$(z_j - c_j)$

において,最適性の条件 $z_j - c_j \leq 0$ を満たしていない非基底変数は x_5 であるのでこれを基底変数に入れる.このとき基底から追い出す変数は,$\min\limits_{x_{i5}>0}\left(\dfrac{x_i}{x_{i5}}\right)$ を最小にする $i = k$ であるが,$\min\limits_{i}\left(\dfrac{x_2}{x_{25}}, \dfrac{x_3}{x_{35}}, \dfrac{x_4}{x_{45}}\right) = \min\left(\dfrac{32}{4}, \dfrac{17}{3}, \dfrac{54}{5}\right) = \dfrac{17}{3}$ より,$k = 3$ である.つまり x_3 を基底から出す.基底変数を x_1, x_2, x_4, x_5 として,シンプレックス表を計算すると,表 3.2 に示す最適解 (端点⑫) のシンプレックス表を得る.

(2) シンプレックス法第1段

シンプレックス法第1段では,初期可能基底解を見つける.いくつかの方法があるが,わかりやすい方法を1つ紹介しておく.

まず,標準形の線形計画問題の等号制約式 $Ax = b$ において,$b \geq 0$ とする.$b_i \leq 0$ の行があれば両辺の符号を変えて変形できるので,このように設定しても一般性を失わない.そして,制約式の各行に,非負の変数 $x_{n+1}, \cdots, x_{n+m}$ を加え,

$$\text{条件} \quad [A \ I] \begin{bmatrix} x \\ x_{n+1} \\ \vdots \\ x_{n+m} \end{bmatrix} = b, \quad \begin{bmatrix} x \\ x_{n+1} \\ \vdots \\ x_{n+m} \end{bmatrix} \geq 0 \qquad (3.15)$$

$$\text{最小化} \quad w = \sum_{i=1}^{m} x_{n+i}$$

という,計画変数が $n + m$ 個,等号制約式が m 本の標準形の線形計画問題を

設定する．この場合，

$$\begin{bmatrix} x_i \\ \vdots \\ x_n \\ x_{n+1} \\ \vdots \\ x_{n+m} \end{bmatrix} = \begin{bmatrix} 0 \\ \vdots \\ 0 \\ b_1 \\ \vdots \\ b_m \end{bmatrix}$$

という自明の初期可能基底解であるので，シンプレックス法第2段を適用して解ける．$x_{n+1}, \cdots, x_{n+m}$ を導入する前の原問題に可能基底解があれば，$w_{\min} = 0$ つまり $x_{n+1} = \cdots = x_{n+m} = 0$ なる解が得られる．新たに導入した m 個の変数がゼロとなり，原問題の変数 $x_1, \cdots, x_n$ の中の m 個が正値となるので，これが原問題の初期可能基底解となる．

(3) 改訂シンプレックス法

シンプレックス法において鍵となるのは基底の入れ替え，すなわち，下記のシンプレックス表の書き換えの計算である．

	$\boldsymbol{P}_0$	$\boldsymbol{P}_{m+1}$	$\cdots$	$\boldsymbol{P}_j$	$\cdots$	$\boldsymbol{P}_n$
$\boldsymbol{P}_1$ $\vdots$ $\boldsymbol{P}_m$	$B^{-1}\boldsymbol{P}_0$	$B^{-1}\boldsymbol{P}_{m+1}$	$\cdots$	$B^{-1}\boldsymbol{P}_j$	$\cdots$	$B^{-1}\boldsymbol{P}_n$
	z_0	$z_{m+1} - c_{m+1}$	$\cdots$	$z_j - c_j$	$\cdots$	$z_n - c_n$

ここで，

$$z_0 = \boldsymbol{c}_b B^{-1} \boldsymbol{P}_0$$
$$z_j = \boldsymbol{c}_b \boldsymbol{x}_j = \boldsymbol{c}_b B^{-1} \boldsymbol{P}_j$$

であるから，シンプレックス表の書き換え計算は，基底を交換する変数を選べば，あとは B^{-1} を計算するだけである．

いま，非基底変数 x_j を基底に入れ，基底変数 x_k を出すとする．このとき，

$$B_{\text{old}} = [\boldsymbol{P}_1 \ \cdots \ \boldsymbol{P}_k \ \cdots \ \boldsymbol{P}_m]$$
$$\to \ B_{\text{new}} = [\boldsymbol{P}_1 \ \cdots \ \boldsymbol{P}_j \ \cdots \ \boldsymbol{P}_m]$$

3.3 シンプレックス法

となる．
$$P_j = x_{1j}P_1 + \cdots + x_{kj}P_k + \cdots + x_{mj}P_m$$
であり，
$$x_j = \begin{bmatrix} x_{1j} \\ \vdots \\ x_{kj} \\ \vdots \\ x_{mj} \end{bmatrix}$$

は基底を入れ替える前のシンプレックス表における非基底変数 x_j の係数ベクトルとして表示されている．この x_j を用いて，$m \times m$ の単位行列の j 列目を x_j で置き換えて，下記の行列を定義する．

$$\begin{bmatrix} 1 & 0 & \cdots & x_{1j} & \cdots & 0 \\ 0 & 1 & \cdots & x_{2j} & \cdots & 0 \\ & & & \vdots & & \vdots \\ \vdots & \vdots & \cdots & x_{kj} & \cdots & 0 \\ & & & \vdots & & \vdots \\ 0 & 0 & \cdots & x_{mj} & \cdots & 1 \end{bmatrix} = [*]$$

↑
第 j 列

この $m \times m$ 行列 $[*]$ を用いて，次のように基底を入れ替えた後の，B_{new}^{-1} を効率的に計算できる．

$$[P_1 \enspace \cdots \enspace P_k \enspace \cdots \enspace P_m][*] = [P_1 \enspace \cdots \enspace P_j \enspace \cdots \enspace P_m]$$
$$B_{\text{old}}[*] = B_{\text{new}}$$
$$B_{\text{new}}^{-1} = [*]^{-1} B_{\text{old}}^{-1}$$

これを**改訂シンプレックス法**という．

3.4 双対性

3.1 節で簡単に触れたが，シンプレックス法が可能基底解 (端点) の中から最適性の条件 ($c'_j \geq 0 : $ (3.4) 式，あるいは，$z_j - c_j \leq 0 : $ (3.11) 式，j は非基底変数の添え字) を満たすものを探索するのに対し，双対シンプレックス法は最適性の条件を満たす基底解の中から可能基底解を探索する．この双対シンプレックス法のアルゴリズムは双対性に基づいている．本節では，双対問題と双対性について説明する．

(1) 双対問題と双対性

不等号制約と変数 x の非負条件を持つ下記の線形計画問題を**主問題**とする．

$$\left. \begin{array}{ll} 最小化 & z = cx \\ 条\ \ 件 & Ax \geq b \\ & x \geq 0 \end{array} \right\} 主問題 \qquad (3.16)$$

ただし，$x : n$ 次元列ベクトル，$c : n$ 次元行ベクトル，$b : m$ 次元列ベクトル，$A : m \times n$ 行列．

これに対し，変数 w に関する下記の線形計画問題を**双対問題**という．

$$\left. \begin{array}{ll} 最大化 & y = wb \\ 条\ \ 件 & wA \leq c \\ & w \geq 0 \end{array} \right\} 双対問題 \qquad (3.17)$$

ただし，$w : m$ 次元行ベクトル (主問題の変数 x に対し，w を**双対変数**という)．

このとき，$z_{\min} = y_{\max}$ となり，これを**双対性**という．また，上記のように主問題を非負条件付の不等号制約の形式で表した場合の双対性を**対称双対性**という．対称双対性は，変数の非負条件はそのままで，最小化に対して最大化，b と c の入れ替え，不等号制約の向きの逆転ときれいな対称性を持っている．

これに対し，主問題を標準形で表現した場合の双対問題は，対称性が多少崩れるが，下記のようになる．

$$\left. \begin{array}{ll} 最小化 & z = cx \\ 条\ \ 件 & Ax = b \\ & x \geq 0 \end{array} \right\} 主問題 \qquad (3.18)$$

3.4 双対性

に対する双対問題は,

$$
\left.\begin{array}{ll}
\text{最大化} & y = \boldsymbol{w}\boldsymbol{b} \\
\text{条 件} & \boldsymbol{w}A \leq \boldsymbol{c} \\
& \boldsymbol{w} \text{の符号条件なし}
\end{array}\right\} \text{双対問題} \tag{3.19}
$$

このときも,$z_{\min} = y_{\max}$ と双対性が成立する.これを**非対称双対性**という.

なお,対称双対性と非対称双対性は同値である.双対性の証明に先立って,これを証明しておく.

まず,非対称双対性が成立すれば,対称双対性が成立することを示す.(3.16)式で定義される主問題 (対称形) にスラック変数を導入して標準形に直す.

スラック変数 $\boldsymbol{s} = [s_1, \cdots, s_m]^{\mathrm{T}} \geq \boldsymbol{0}$ を導入して,

$$
\begin{array}{ll}
\text{最小化} & z = [\boldsymbol{c}, \boldsymbol{0}] \begin{bmatrix} \boldsymbol{x} \\ \boldsymbol{s} \end{bmatrix} \\
\text{条 件} & [A \quad -I] \begin{bmatrix} \boldsymbol{x} \\ \boldsymbol{s} \end{bmatrix} = \boldsymbol{b} \\
& \boldsymbol{x} \geq \boldsymbol{0}, \quad \boldsymbol{s} \geq \boldsymbol{0}
\end{array}
$$

とすると,この双対問題は非対称双対性により,

$$
\begin{array}{ll}
\text{最大化} & y = \boldsymbol{w}\boldsymbol{b} \\
\text{条 件} & \boldsymbol{w}[A \quad -I] \leq [\boldsymbol{c}, \boldsymbol{0}] \\
& \boldsymbol{w} \text{の符号条件無し}
\end{array}
\tag{3.20}
$$

となり,$z_{\min} = y_{\max}$ である.ところで,$\boldsymbol{w}[A \quad -I] \leq [\boldsymbol{c}, \boldsymbol{0}]$ は $\boldsymbol{w}A \leq \boldsymbol{c}$, $-\boldsymbol{w} \leq \boldsymbol{0}$ であるから,(3.20) 式は (3.17) 式と同じであり,対称形の双対性も成立する.

次に,対称形の双対性が成立するとすれば,非対称形の双対性が成立することを示す.標準形で書かれた主問題 (3.18) は,下記のような対称形の主問題に置き換えられる.

$$
\begin{array}{ll}
\text{最小化} & z = \boldsymbol{c}\boldsymbol{x} \\
\text{条 件} & A\boldsymbol{x} \geq \boldsymbol{b}, \quad -A\boldsymbol{x} \geq -\boldsymbol{b} \\
& \boldsymbol{x} \geq \boldsymbol{0}
\end{array}
$$

この双対問題は対称形の双対性によって

$$\text{最大化} \quad y = \boldsymbol{w} \begin{bmatrix} \boldsymbol{b} \\ -\boldsymbol{b} \end{bmatrix}$$

$$\text{条　件} \quad \boldsymbol{w} \begin{bmatrix} A \\ -A \end{bmatrix} \leq \boldsymbol{c}, \quad \boldsymbol{w} \geq \boldsymbol{0}$$

となり，$z_{\min} = y_{\max}$ である．ところで，$\boldsymbol{w}$ は $2m$ 次元の行ベクトルであるので，m 次元行ベクトル $\boldsymbol{w}_1, \boldsymbol{w}_2 \geq \boldsymbol{0}$ を導入して，$\boldsymbol{w} = [\boldsymbol{w}_1, \boldsymbol{w}_2]$ とする．このとき，双対問題は下記のように書き換えられる．

$$\text{最大化} \quad y = (\boldsymbol{w}_1 - \boldsymbol{w}_2)\boldsymbol{b}$$
$$\text{条　件} \quad (\boldsymbol{w}_1 - \boldsymbol{w}_2)A \leq \boldsymbol{c} \tag{3.21}$$
$$\boldsymbol{w}_1, \boldsymbol{w}_2 \geq \boldsymbol{0}$$

ここで，$\boldsymbol{w}^* = \boldsymbol{w}_1 - \boldsymbol{w}_2$ とすれば，$\boldsymbol{w}^*$ には符号条件はなく，(3.21) 式は非対称形の双対問題 (3.19) と一致する．よって，非対称形双対性も成立する．したがって，対称双対性と非対称双対性は同値である．

(2)　シンプレックス乗数

前項の定義から明らかなように，双対問題の変数 (双対変数，m 次元行ベクトル) は主問題の制約式 (m 本) に対応している．ここから，主問題の基底解 (m 個の基底変数から構成) と双対変数との間に重要な関係が導かれる．それが**シンプレックス乗数** (simplex multiplier) である．なお，シンプレックス乗数をシャドープライスともいう．

シンプレックス乗数ベクトル $\boldsymbol{\pi}$ は m 次元行ベクトル $[\pi, \cdots, \pi_m]$ であり，標準形の主問題 $\{z = \boldsymbol{cx} \;\rightarrow\; \text{最小化}, \text{条件}: A\boldsymbol{x} = \boldsymbol{b}, \boldsymbol{x} \geq \boldsymbol{0}\}$ の基底解に対して，下記のように定義される．

等号制約式：

$$a_{11}x_1 + \cdots + a_{1n}x_n = b_1$$
$$\vdots$$
$$a_{m1}x_1 + \cdots + a_{mn}x_n = b_m$$

の各式に $\pi_i \; (i = 1, \cdots, m)$ を乗じて，目的関数 $z = c_1 x_1 + \cdots + c_n x_n$ の両辺から差し引き，

3.4 双対性

$$z - (\pi_1 b_1 + \pi_2 b_2 + \cdots + \pi_m b_m)$$
$$= c_1 x_1 + c_2 x_2 + \cdots + c_n x_n$$
$$\quad - \pi_1 (a_{11} x_1 + a_{12} x_2 + \cdots + a_{1n} x_n)$$
$$\quad - \cdots$$
$$\quad - \pi_m (a_{m1} x_1 + a_{m2} x_2 + \cdots + a_{mn} x_n)$$

$$\left.\begin{aligned} &= x_1 (c_1 - \pi_1 a_{11} - \cdots - \pi_m a_{m1}) \\ &\quad + \cdots \\ &\quad + x_n (c_n - \pi_1 a_{1n} - \cdots - \pi_m a_{mn}) \end{aligned}\right\} \quad (3.22)$$

を得る．ここで，任意の基底解 $\boldsymbol{x} = [x_1, \cdots, x_m, 0, \cdots, 0]^T$ に対し，(3.22) 式の基底変数に対する係数をゼロとするように π_i を決める．

つまり，

$$\begin{cases} \pi_1 a_{11} + \pi_2 a_{21} + \cdots + \pi_m a_{m1} = c_1 \\ \qquad\qquad\qquad \vdots \\ \pi_1 a_{1m} + \pi_2 a_{2m} + \cdots + \pi_m a_{mm} = c_m \end{cases} \quad (3.23)$$

の m 元連立 1 次方程式を解いて，基底解に対するシンプレックス乗数ベクトル $\boldsymbol{\pi}$ が求まる．(3.23) 式はベクトル形式では，$\boldsymbol{\pi}[\boldsymbol{P}_1 \quad \cdots \quad \boldsymbol{P}_m] = \boldsymbol{\pi} B = \boldsymbol{c}_b$ と表現されるので，次のようになる．

$$\boldsymbol{\pi} = \boldsymbol{c}_b B^{-1} \quad (3.24)$$

基底解 (非基底変数 x_j ($j = m+1, \cdots, n$) はゼロ) について，(3.23) 式が成立すれば，(3.22) 式の各項はゼロであるから，次のようになる．

$$\begin{aligned} z &= \pi_1 b_1 + \pi_2 b_2 + \cdots + \pi_m b_m \\ &= \boldsymbol{\pi} \boldsymbol{b} = \boldsymbol{c}_b B^{-1} \boldsymbol{b} = \boldsymbol{c}_b \boldsymbol{x}_b = z_0 \end{aligned} \quad (3.25)$$

これより，$\pi_i = \dfrac{\partial z_0}{\partial b_i}$ を得る．つまり，シンプレックス乗数 π_i は，対応する基底解について，i 番目の等号制約条件式の右辺の定数 b_i が一単位変化した場合の目的関数の値の変化量を示している．経済学における最適化問題は目的関数を総費用としてコスト最小化問題として定式化されることが多く，その場合，シ

シンプレックス乗数は最小化されるコストに与える**制約条件式の感度**となる．シンプレックス乗数が**シャドープライス**と呼ばれるのは，制約条件に隠されているコストという意味である．なお，シンプレックス乗数がゼロということは，それに対応する制約式の右辺 b_i を変化させても目的関数が変化しない，つまり，対応する制約式が基底解にとって有効な制約になっていないことを意味する．

ところで，(3.24) 式を使えば，前節の (3.7) 式と (3.9) 式 ($\boldsymbol{x}_j = B^{-1}\boldsymbol{P}_j$ と $z_j = \boldsymbol{c}_b\boldsymbol{x}_j$) から，

$$z_j = \boldsymbol{c}_b\boldsymbol{x}_j = \boldsymbol{c}_b B^{-1}\boldsymbol{P}_j = \boldsymbol{\pi}\boldsymbol{P}_j \tag{3.26}$$

が得られる．3.1 節で，z_j は等号制約を維持しつつ非基底変数 x_j を基底に入れる場合の基底変数の変化に伴う目的関数の変化 (減少) の感度を示していると述べたが (p.32)，(3.26) 式はそれを各制約条件のシャドープライスによる効果の和として表現している (3 章の問題 3 の解答参照)．なお，今まで z_j は非基底変数に対してのみ定義してきた (つまり，$j = m+1, \cdots, n$) が，基底変数に対しても，$z_i = \boldsymbol{\pi}\boldsymbol{P}_i = c_i$ ($i = 1, \cdots, m$，(3.23) 式による) と表現できるので，これからは，(3.26) 式を基底変数に対しても適用することにする．

(3) 双対性の証明

本節 (1) で，対称形の双対性と非対称形の双対性は同値であることを示したので，ここでは非対称双対性だけを証明する．主問題を次の標準形の線形計画問題とする．

最小化 $z = \boldsymbol{c}\boldsymbol{x}$

条　件 $A\boldsymbol{x} = \boldsymbol{b}, \quad \boldsymbol{x} \geq \boldsymbol{0}$

ここで，シンプレックス乗数の定義のときと同様に，等号制約式の各行に $w_1, \cdots, w_m$ を乗じて，目的関数の式の両辺から差し引くと，

$z - (w_1 b_1 + w_2 b_2 + \cdots + w_m b_m)$

$= c_1 x_1 + c_2 x_2 + \cdots + c_n x_n$

　　$- w_1(a_{11} x_1 + a_{12} x_2 + \cdots + a_{1n} x_n)$

　　$- \cdots$

　　$- w_m(a_{m1} x_1 + a_{m2} x_2 + \cdots + a_{mn} x_n)$

$$
\left.\begin{aligned}
&= x_1(c_1 - w_1 a_{11} - \cdots - w_m a_{m1}) \\
&\quad + \cdots \\
&\quad + x_n(c_n - w_1 a_{1n} - \cdots - w_m a_{mn})
\end{aligned}\right\} \tag{3.27}
$$

となる.ここで,$\boldsymbol{w} = [w_1, \cdots, w_m]$ が双対問題の制約条件 $\boldsymbol{w}A \leq \boldsymbol{c}$ を満たすとすれば,(3.27) 式の x_i $(i = 1, \cdots, n, x_i$ は非負$)$ の係数はすべて非負である.したがって

$$\boldsymbol{cx} = z \geq w_1 b_1 + \cdots + w_m b_m = y = \boldsymbol{wb} \tag{3.28}$$

である.つまり,

> 主問題と双対問題の変数 $\boldsymbol{x}, \boldsymbol{w}$ がそれぞれの制約条件を満たす限り,主問題の目的関数は双対問題の目的関数と等しいか,より大きい,つまり,一般に $z \geq y$ である.

今,主問題の最適解 $\boldsymbol{x}^* = [x_1^*, \cdots, x_m^*, 0, \cdots, 0]^{\mathrm{T}}$ に対するシンプレックス乗数を,$\boldsymbol{\pi}^* = [\pi_1^*, \cdots, \pi_m^*]$ とすると,

$$
\begin{aligned}
[\pi_1^*, \cdots, \pi_m^*] A - \boldsymbol{c} &= [\pi_1^*, \cdots, \pi_m^*] [\boldsymbol{P}_1 \quad \cdots \quad \boldsymbol{P}_n] - [c_1, \cdots, c_n] \\
&= [z_1, \cdots, z_n] - [c_1, \cdots, c_n] \\
&= [0, \cdots, 0, z_{m+1} - c_{m+1}, \cdots, z_n - c_n]
\end{aligned} \tag{3.29}
$$

となる.なお,ここで,(3.26) 式を用いた.また,基底変数については $z_i = \boldsymbol{\pi} \boldsymbol{P}_i = c_i$ $(i = 1, \cdots, m)$ であるので,$z_i - c_i = 0$ $(i = 1, \cdots, m)$ である.$\boldsymbol{x}^*$ が最適解のときは非基底変数 x_j $(j = m+1, \cdots, n)$ のすべてに対し,$z_j - c_j \leq 0$ であるから,(3.29) 式の右辺 $\leq \boldsymbol{0}$ である.よって,

$$[\pi_1^*, \cdots, \pi_m^*] A \leq \boldsymbol{c}$$

つまり,主問題の最適解に対応するシンプレックス乗数ベクトル $\boldsymbol{\pi}^* = [\pi_1^*, \cdots, \pi_m^*] = \boldsymbol{w}^*$ は双対問題の制約を満たす.また,(3.25) 式より,

$$z_{\min} = [\pi_1^*, \cdots, \pi_m^*] \boldsymbol{b} = \boldsymbol{w}^* \boldsymbol{b} = y \tag{3.30}$$

となり,シンプレックス乗数ベクトルによる双対問題の目的関数は $z_{\min}$ と等しくなる.(3.28) 式が示すように,双対問題の制約を満たす双対変数ベクトルの目的関数の値は主問題の可能解の目的関数の値をこえられないのであるから,

シンプレックス乗数が y を最大にする最適解であり，双対問題の目的関数の最大値 $y_{\max}$ は $z_{\min}$ と一致する．これで双対性が証明された．

なお，主問題の最適解でない可能基底解 x に対応するシンプレックス乗数ベクトル π については，$z_j - c_j > 0$ となる j が必ず存在するので，(3.29) 式からわかるように双対問題の制約条件を満たさない．ただし，$y = \pi b = z \geq z_{\min} = y_{\max}$ であり，双対問題の目的関数は最適解よりも大きくなる．

■ 炭素税と CO_2 排出総量制約の双対性 ■

地球温暖化対策として，炭素税や CO_2 排出権取引が提案されている．炭素税は CO_2 排出量に応じて税金を課して排出を抑制するものである．また，CO_2 排出権取引は，全体としての排出総量を決めて，それを各企業などに排出権 (排出枠) として割り当て，個々の排出削減の難しさの程度に応じて排出権を取り引きするというシステムである．CO_2 排出権取引と炭素税とは一見全く異なる方法に見えるが，最適化の数学理論から見れば排出税と排出権取引は双対な関係にあり，排出権取引における売買の均衡価格が同じ排出総量に抑制する効果を持つ炭素税の税率に対応する．これを簡単に解説しておく．

(a) まず，CO_2 排出量制約の下でのエネルギーシステムのコスト最小化を線形計画の主問題として次のように定式化する．

- エネルギーシステムコスト：$z = cx \rightarrow$ 最小化
  ここで，x：各種エネルギーフロー (n 次元列ベクトル，非負)，c：コスト係数 (n 次元行ベクトル)．
- 需給均衡や資源量制約などエネルギーシステムの特性を表す制約式：$Ax \geq b$
  ここで，b：制約量 (m 次元列ベクトル)，A：制約式の係数行列 ($m \times n$)．
- CO_2 排出量制約：$ex \leq M$，対称双対性の形式に合わせて，$-ex \geq -M$
  ここで，e：各種エネルギーの CO_2 排出係数 (n 次元行ベクトル)，M：排出量上限．

これを主問題とする．

(b) この主問題の双対問題は定義により次のようになる．

$$\text{最大化} \quad y = wb - w_e M$$
$$\text{条　件} \quad wA - w_e e \leq c$$

ここで，w：システムの特性を表す制約式に対応する双対変数 (m 次元行ベ

クトル，非負)，w_e：CO_2 排出量制約に対応する双対変数 (非負).

線形計画問題において，主問題と双対問題は 1 対 1 に対応し z の最小値と y の最大値は一致する．また，双対問題の最適解において，双対変数はそれに対応する制約式を通して主問題の最適解 (非負の基底変数で構成) のシンプレックス乗数 (シャドープライス) になっている．ここで，シャドープライスは制約量の変化が最適値に与える影響の大きさの指標である．w_e は CO_2 排出量制約に対応するシャドープライスである．排出権取引の場合，w_e が排出権の理論価格になる (排出権の理論価格はさらに 1 単位の CO_2 削減を行うのに必要な**限界費用**である)．また，w_e はここで与えた CO_2 排出制約 (M) を実現するため理論的に必要な炭素税の水準を表している．次にこれを示す．

(c)　CO_2 排出量を直接には制約しないが，w_e を**炭素税**として課し，この税金支払いもエネルギーシステムコストに加えて最小化する問題を考える．これは，次のように定式化される．

　　最小化　$z = cx + w_e ex$

　　条　件　$Ax \geq b$

ここで，$w_e ex$ は炭素税の支払いを意味している．この問題の双対問題を考えると，次のようになる．

　　最大化　$y = wb$

　　条　件　$wA \leq c + w_e e$

なお，ここでは，w_e は双対変数ではなく炭素税率を表すパラメータである．したがって，最大化する y は次のように書き換えてもこの問題の解は変わらない．

　　$y = wb - w_e M$

これは，(b) で考察した双対問題と全く同じ定式になっている．主問題と双対問題は 1 対 1 に対応するので，双対問題が一致するということは主問題同士も一致する．

つまり，最適化理論から見れば，炭素税と総量制約の下の**排出権取引**とは双対な関係にあり，排出権取引における売買の均衡価格が同じ排出総量に抑制する効果を持つ炭素税の税率に対応する．

3.5 双対シンプレックス法

双対シンプレックス法は最適性の条件を満たす基底解の中から可能基底解を求めて最適解に至る探索方法である．本節で説明するように，主問題のシンプレックス法による最適解の探索の各段階における可能基底解について，それに対応するシンプレックス乗数ベクトルを計算すれば，それが双対問題の双対シンプレックス法による最適解の探索の各段階を構成する．逆に主問題を双対シンプレックス法で解けば，主問題の基底解 (最適解に至るまでは可能基底解ではない) に対応するシンプレックス乗数ベクトルは双対問題をシンプレックス法で解く場合の可能基底解になる．

具体例で示すのがわかりやすいので，第 2 章で導入した例題で考えよう．

(1) 双対シンプレックス表

2.2 節の例題 (p.15) を主問題とすると，

$$\begin{aligned}
&\text{最小化} \quad z = 3x_1 + x_2 \\
&\text{条　件} \quad x_1 + x_2 \geq 3 \\
&\qquad\qquad x_1 - x_2 \leq 4 \\
&\qquad\qquad x_1 + 2x_2 \leq 10 \\
&\qquad\qquad 4x_1 + x_2 \geq 8 \\
&\qquad\qquad x_i \geq 0 \quad (i = 1, \cdots, 6)
\end{aligned} \tag{3.31}$$

であるが，対称形の双対性を適用するために不等号の向きを調整して，

$$\begin{aligned}
&x_1 + x_2 \geq 3 \\
&-x_1 + x_2 \geq -4 \\
&-x_1 - 2x_2 \geq -10 \\
&4x_1 + x_2 \geq 8
\end{aligned} \tag{3.32}$$

とする．このとき，

$$A = \begin{bmatrix} 1 & 1 \\ -1 & 1 \\ -1 & -2 \\ 4 & 1 \end{bmatrix}, \quad b = \begin{bmatrix} 3 \\ -4 \\ -10 \\ 8 \end{bmatrix}, \quad c = [3, 1]$$

である.

よって，双対問題は，

$$\left.\begin{array}{ll}\text{最大化} & y = \boldsymbol{wb} \quad y = 3w_1 - 4w_2 - 10w_3 + 8w_4 \\ \text{条　件} & \boldsymbol{wA} \leq \boldsymbol{c} \quad \left\{\begin{array}{l} w_1 - w_2 - w_3 + 4w_4 \leq 3 \\ w_1 + w_2 - 2w_3 + w_4 \leq 1 \end{array}\right. \\ & \boldsymbol{w} \geq \boldsymbol{0} \quad w_i \geq 0 \quad (i = 1, \cdots, 4) \end{array}\right\} \quad (3.33)$$

となる.

なお，主問題の不等号の向きを調整せずに，(3.31) 式にスラック変数を導入して，標準形にすると 2 章の (2.6) 式になるが，これを主問題とする非対称双対問題は，下記のようになる.

最大化　$y = 3w_1 + 4w_2 + 10w_3 + 8w_4$

条　件　$w_1 + w_2 + w_3 + 4w_4 \leq 3$

$w_1 - w_2 + 2w_3 + w_4 \leq 1$

$-w_1 \leq 0$

$w_2 \leq 0$

$w_3 \leq 0$

$-w_4 \leq 0$

これは，w_2 と w_3 の符号が逆に表記されているだけで，(3.33) 式と内容的には同値であるが，紛らわしいので本節では不等号の向きを調整した (3.32) 式およびそれを標準形にしたものを主問題として使用する．もちろん，このように取り扱っても主問題の解には変わりはない．(3.32) 式を標準形にしたときの等号制約式の係数行列 A は次のようになる．

$$A = \begin{bmatrix} 1 & 1 & -1 & 0 & 0 & 0 \\ -1 & 1 & 0 & -1 & 0 & 0 \\ -1 & -2 & 0 & 0 & -1 & 0 \\ 4 & 1 & 0 & 0 & 0 & -1 \end{bmatrix}$$

さて，すでに 3.2 節で示したように，(3.32) 式にスラック変数 4 個を導入して標準形にした主問題の最適解 (図 2.2 の端点 ⑫) のシンプレックス表は表 3.3

表 3.3 主問題の最適解のシンプレックス表

	P_0	P_3	P_6
P_1	5/3	1/3	−1/3
P_2	4/3	−4/3	1/3
P_4	11/3	−5/3	2/3
P_5	17/3	7/3	−1/3
	19/3	−1/3	−2/3

のようになる (表 3.2 の再掲).

一方,双対問題 (3.33) にもスラック変数 2 個を追加して標準形に直す.

$$\text{最大化} \quad y = 3w_1 - 4w_2 - 10w_3 + 8w_4$$
$$\text{条 件} \quad w_1 - w_2 - w_3 + 4w_4 + w_5 = 3$$
$$w_1 + w_2 - 2w_3 + w_4 + w_6 = 1$$
$$w_i \geq 0 \quad (i = 1, \cdots, 6)$$

これから双対問題をシンプレックス法で解くが,主問題の最適解のシンプレックス乗数が双対問題の最適解であることがわかっている.よって,まずシンプレックス乗数を求める.主問題の最適解の基底変数は x_1, x_2, x_4, x_5 であるので,$B = [\boldsymbol{P}_1 \ \boldsymbol{P}_2 \ \boldsymbol{P}_4 \ \boldsymbol{P}_5]$ で,$\boldsymbol{\pi} B = \boldsymbol{c}_b$:

$$[\pi_1, \pi_2, \pi_3, \pi_4] \begin{bmatrix} 1 & 1 & 0 & 0 \\ -1 & 1 & -1 & 0 \\ -1 & -2 & 0 & -1 \\ 4 & 1 & 0 & 0 \end{bmatrix} = [3, 1, 0, 0]$$

より,$\pi_1 = 1/3,\ \pi_2 = 0,\ \pi_3 = 0,\ \pi_4 = 2/3$ を得る.つまり,双対問題の最適解の基底変数は w_1 と w_4 であり,最適解は $\boldsymbol{w}^* = [1/3, 0, 0, 2/3, 0, 0]$,最適値は $y_{\max} = 19/3$ で表 3.3 に示す主問題の最適値 $z_{\min}$ と一致する.

なお,π_1 と π_4 が正値をとり,そのほかがゼロということは,主問題の最適解において,(3.32) 式の不等号制約の中で 1 行目と 4 行目の制約式だけが効いていることを意味する (図 2.2 において,最適解を示す端点 ⑫ はこれらの制約式の交点に位置することを確かめよ).

ここで,双対問題の最適解のシンプレックス表を作成する.標準形の双対問

3.5 双対シンプレックス法

題の係数ベクトルは下記の通りである．

P'_1	P'_2	P'_3	P'_4	P'_5	P'_6	P'_0
1	−1	−1	4	1	0	3
1	1	−2	1	0	1	1

最適解の基底変数は w_1 と w_4 である．非基底変数の係数ベクトルを基底変数の係数ベクトルの線形結合で表現する ($P_j = [P_1 \cdots P_m]x_j$)．

$$P'_2 = x_{12}P'_1 + x_{42}P'_4$$
$$P'_3 = x_{13}P'_1 + x_{43}P'_4$$
$$P'_5 = x_{15}P'_1 + x_{45}P'_4$$
$$P'_6 = x_{16}P'_1 + x_{46}P'_4$$

これら線形結合の係数が，基底形式での非基底変数の係数を表すシンプレックス表の構成要素になる．また，$z_j = c_b x_j$ から $z_j - c_j$ を計算する．こうして，双対問題の最適解のシンプレックス表を作成すると次のようになる．

表 3.4 双対問題の最適解のシンプレックス表

	P'_0	P'_5	P'_6	P'_2	P'_3
P'_1	1/3	−1/3	4/3	5/3	−7/3
P'_4	2/3	1/3	−1/3	−2/3	1/3
	19/3	5/3	4/3	11/3	17/3

なお，表 3.4 において，$z_j - c_j$ はすべて正値になっているが，双対問題は最大化問題であるので，これが最適性の条件になる．

さて，表 3.3 と表 3.4 を比較する．最適値が同じであること以外にも，両表の数値には綺麗な対応関係がある．行と列が入れ替わっているが，主問題の最適解 (基底変数の値) は双対問題の最適性の条件 $z_j - c_j$ と一致しており，主問題の最適性の条件は符号が逆転しているが双対問題の最適解 (基底変数の値) に対応している．また，基底形式の非基底変数の係数行列も，行と列が入れ替わり符号は逆転しているがお互いに対応している．このようなシンプレックス表を互いに**双対なシンプレックス表**という．

次に，主問題における最適解でない可能基底解に関するシンプレックス表に

ついて考える．3.2 節で示したように第 2 章の例題で最適解の隣の端点 ⑮ のシンプレックス表は下記のようになる．

	P_0	P_5	P_6
P_1	6/7	−1/7	−2/7
P_2	32/7	4/7	1/7
P_3	17/7	3/7	−1/7
P_4	54/7	5/7	3/7
	50/7	1/7	−5/7

最適解のシンプレックス表に見られた対応関係を利用して，これに双対なシンプレックス表を機械的に構成すると，表 3.5 のようになる．

表 3.5 主問題の最適でない可能基底解 (端点 ⑮) の双対シンプレックス表

	P'_0	P'_5	P'_6	P'_1	P'_2
P'_3	−1/7	1/7	−4/7	−3/7	−5/7
P'_4	5/7	2/7	−1/7	1/7	−3/7
	50/7	6/7	32/7	17/7	54/7

これは，端点 ⑮ の可能基底解に対応する双対問題の可能でない基底解のシンプレックス表になっている．以下，それを説明する．

先ほど説明したシンプレックス乗数と制約式の関係を思い出して欲しい．端点 ⑮ を決めているのは，(3.32) 式における 3 行目の不等号制約式と 4 行目の不等号制約式であるから，π_3 と π_4 が 0 でない値をとると推定できる．つまり，w_3 と w_4 が基底変数となる基底解 (ただし，可能基底解ではない) を表すシンプレックス表が求めるものである[2]．

---

[2] 本来は，下記のように，端点 ⑮ の基底解 $[6/7, 32/7, 17/7, 54/7, 0, 0]$ に対応するシンプレックス乗数を求める．

$$[\pi_1, \pi_2, \pi_3, \pi_4] \begin{bmatrix} 1 & 1 & -1 & 0 \\ -1 & 1 & 0 & -1 \\ -1 & -2 & 0 & 0 \\ 4 & 1 & 0 & 0 \end{bmatrix} = [3, 1, 0, 0]$$

これより，$\pi_1 = \pi_2 = 0$, $\pi_3 = -1/7$, $\pi_4 = 5/7$ を得る．

3.5 双対シンプレックス法

$w_1 = w_2 = w_5 = w_6 = 0$ として双対問題の等号制約式から計算すると, $w_3 = -1/7$ と $w_4 = 5/7$ を得る. また, $y = 50/7$ である.

先ほどと同様に, 基底形式の非基底変数の係数行列を計算する.

$$\boldsymbol{P}'_1 = x_{31}\boldsymbol{P}'_3 + x_{41}\boldsymbol{P}'_4$$
$$\boldsymbol{P}'_2 = x_{32}\boldsymbol{P}'_3 + x_{42}\boldsymbol{P}'_4$$
$$\boldsymbol{P}'_5 = x_{35}\boldsymbol{P}'_3 + x_{45}\boldsymbol{P}'_4$$
$$\boldsymbol{P}'_6 = x_{36}\boldsymbol{P}'_3 + x_{46}\boldsymbol{P}'_4$$

から, $\boldsymbol{x}_j$ を求め, さらに, $z_j = \boldsymbol{c}_b\boldsymbol{x}_j$, $z_j - c_j$ を計算すると, 確かに表 3.5 を導出できる[3].

表 3.5 (最適性の条件を満たすが可能でない基底解) から表 3.4 (最適性の条件を満たす可能基底解) へのシンプレックス表の書き換えを行うアルゴリズムが双対シンプレックス法である. ただし, ここで示した例では双対問題に双対シンプレックス法が適用されているので, 最大化問題の最適性の条件が適用されていることに注意が必要である.

(2) 双対シンプレックス法における基底の入れ替え

本章の冒頭でも示したが, 目的関数 z を最小化する線形計画問題を基底形式に変換し, 目的関数 z も非基底変数 x_j $(j = m+1, \cdots, n)$ だけで表現する.

条件　　$x_1 \qquad\qquad + a'_{1m+1}x_{m+1} + \cdots + a'_{1n}x_n = b'_1$
$\qquad\qquad\quad x_2 \qquad + a'_{2m+1}x_{m+1} + \cdots + a'_{2n}x_n = b'_2$
$\qquad\qquad\quad\ddots \qquad\qquad \vdots \qquad\qquad\qquad \vdots$
$\qquad\qquad\qquad x_m + a'_{mm+1}x_{m+1} + \cdots + a'_{mn}x_n = b'_m$
$\qquad\quad x_i \geq 0$

最小化　$z = z_0 + c'_{m+1}x_{m+1} + \cdots + c'_n x_n$

ここで, 可能基底解である条件 $b'_i \geq 0$ $(i = 1, \cdots, m)$ と最適性の条件 $c'_j \geq 0$ $(j = m+1, \cdots, n$, 最大化問題の場合は不等号は逆向き) が満たされれば最適解である.

双対シンプレックス法の場合には, 最適性の条件 $c'_j \geq 0$ は満たされている

---
[3] 読者はこれを確認して欲しい.

が，可能ではない基底解から出発するので，b'_i ($i=1,\cdots,m$) の中に負のものがある．

したがって，双対シンプレックス法における基底の入れ替えでは，$b'_r < 0$ になっている基底変数 x_r を基底から出し，最適性 $c'_j \geq 0$ を維持するように，非基底変数 x_k と交換する．まず，基底形式の等号制約式の r 番目の式を次のように変形して，

$$\underset{\underset{\text{基底から出る変数}}{\uparrow}}{x_r} + a'_{rm+1}x_{m+1} + \cdots + \underset{\underset{\text{基底に入る変数}}{\uparrow}}{a'_{rk}x_k} + \cdots + a'_{rn}x_n = b_r$$

$$\frac{1}{a'_{rk}}x_r + \frac{a'_{rm+1}}{a'_{rk}}x_{m+1} + \cdots + x_k + \cdots + \frac{a'_{rn}}{a'_{rk}}x_n = \frac{b'_r}{a'_{rk}}$$

x_k をほかの非基底変数と x_r で表して，z から非基底変数の x_k を消去する．

$$x_k = \frac{b'_r}{a'_{rk}} - \frac{a'_{rm+1}}{a'_{rk}}x_{m+1} - \cdots - \frac{1}{a'_{rk}}x_r - \cdots - \frac{a'_{rn}}{a'_{rk}}x_n$$

$$z = z_0 + c'_{m+1}x_{m+1} + \cdots + \underset{\underset{\text{上式の }x_k\text{ を代入}}{\uparrow}}{c'_k x_k} + \cdots + c'_n x_n$$

$$z = z_0 + \frac{b'_r}{a'_{rk}}c'_k + \left(c'_{m+1} - \frac{a'_{rm+1}}{a'_{rk}}c'_k\right)x_{m+1}$$
$$+ \cdots + \left(-\frac{c'_k}{a'_{rk}}\right)x_r + \left(c'_n - \frac{a'_{rn}}{a'_{rk}}c'_k\right)x_n$$

となるので，最適性の条件である非基底変数の係数 ≥ 0 を維持するためには，次の式が成立していなければならない．

$$-\frac{c'_k}{a'_{rk}} \geq 0 \tag{3.34}$$

$$c'_j - \frac{a'_{rj}}{a'_{rk}}c'_k \geq 0 \tag{3.35}$$

ここで，$c'_k \geq 0$ であることを考慮すると (3.34) 式から次式が導かれる．

$$a'_{rk} < 0 \tag{3.36}$$

また，$a'_{rj} \geq 0$ なら (3.35) 式は成立するが，$a'_{rj} < 0$ のときは

$$\frac{c'_j}{a'_{rj}} \leq \frac{c'_k}{a'_{rk}}$$

でなければならない．つまり，基底に入れる変数の候補はすべて (3.36) 式のマイナス条件を満たしているので，その候補の中で $\dfrac{c'_j}{a'_{rj}}$ が最大のもの (負数の間での比較なので絶対値で最小のもの) を基底に入れる変数 x_k とすればよい．

以上のことを数式で表現すると，

$$\max_{a'_{rj}<0}\left(\dfrac{c'_j}{a'_{rj}}\right) = -\min_{a'_{rj}<0}\left|\dfrac{c'_j}{a'_{rj}}\right|$$
$$= -\min_{x_{rj}<0}\left|\dfrac{z_j-c_j}{x_{rj}}\right| \qquad (3.37)$$

となる $j=k$ を選んで，x_r にかえて x_k を基底に入れる (比較は，高々 $n-m$ 個)．

このように，双対シンプレックス法における基底の交換は，シンプレックス法の場合と同様の計算であるが，比較する値の個数が，シンプレックス法の場合は高々 m 個であるのに対し，双対シンプレックス法の場合には高々 $n-m$ 個になる．なお，以上説明した基底の入れ替えの手続きは，途中の論理展開は符号が異なるが (3.37) 式の比較に関しては最大化問題の場合も変わらない．

以上のことをシンプレックス表と対応させて考えると，次のように要約される．
① $\boldsymbol{P}'_0$ 列の要素が負であるものの中から基底から出す変数 x_r を選ぶ ($b'_r<0$)．
② 基底から出す変数の行の中で a'_{rj} が負である非基底変数を候補として選ぶ．
③ $\dfrac{c'_j}{a'_{rj}}$ の値が最大となるものを基底に入れる．

$$\max_{a'_{rj}<0}\left(\dfrac{c'_j}{a'_{rj}}\right) = -\min_{x_{rj}<0}\left|\dfrac{z_j-c_j}{x_{rj}}\right|$$

■ **双対シンプレックス法における基底の入れ替えの例示** ■

最大化問題の場合であるが，例題の双対問題を用いて，最適性条件は満たすが，可能でない基底解のシンプレックス表 (表 3.5) からの**基底の入れ替え**の例を示す．

まず，基底変数でありながら非負条件を満たさない w_3 を基底から出す．w_3 と入れ替える非基底変数は，$\min_{x_{rj}<0}\left|\dfrac{z_j-c_j}{x_{rj}}\right|$ となる $j=k$ であるが，$\min\left(\dfrac{32}{4},\dfrac{17}{3},\dfrac{54}{5}\right)=\dfrac{17}{3}$ より，$k=1$ である．

	P'_0	P'_5	P'_6	P'_1	P'_2
P'_3	$-1/7$	$1/7$	$-4/7$	$-3/7$	$-5/7$
P'_4	$5/7$	$2/7$	$-1/7$	$1/7$	$-3/7$
	$50/7$	$6/7$	$32/7$	$17/7$	$54/7$

結局,新しい基底変数は w_1 と w_4 になり,このシンプレックス表は表 3.4 となり,最大化の場合の最適解となる.

(3) 双対シンプレックス法における初期基底解

双対シンプレックス法における初期基底解は,シンプレックス法のように可能基底解を捜す必要がないので比較的容易である.しかし,最適性の条件 (目的関数を非基底変数だけの関数とした場合にその係数が非負であること (最小化の場合)) を満たす必要がある.

非基底変数の係数に負のものがある場合,そのような非基底変数 (ここでは,$x_1, \cdots, x_q$ とする) の和が M をこえないという制約を付加することで以下のように対応できる.なお,M を十分大きくしておけばこのような制約を付加しても最適解には影響しない.つまり,

$$x_1 + \cdots + x_q \leq M$$

ここで,スラック変数 $x_0 \geq 0$ を導入して,

$$x_1 + \cdots + x_q + x_0 = M$$

とし,負の係数の絶対値が最も大きい非基底変数 x_k を評価関数から消去する.こうすると,x_k は新しく追加された制約式に対応する基底変数となり,目的関数内の非基底変数として x_0 が加わることになるが,目的関数の非基底変数の係数はすべて非負となる.これで双対シンプレックス法の出発点となる最適性の条件を満たす基底解が得られる.

例えば,目的関数が

$$z = -x_1 + 2x_2 - 3x_3$$

であったとする.x_1, x_2, x_3 がすべて非基底変数の場合,x_1 と x_3 は係数が負であるので最適性の条件を満たしていない.そこで,新しい制約式として,

$$x_1 + x_3 \leq M$$

を追加し，この式にスラック変数 x_0 を導入すると，

$$x_1 + x_3 + x_0 = M$$

となる．負の係数の絶対値が最も大きい非基底変数は x_3 であるので，

$$x_3 = M - x_1 - x_0$$

を目的関数に代入すると，

$$z = 2x_1 + 2x_2 + 3x_0 - 3M$$

となり，目的関数の非基底変数の係数をすべて非負にすることができる．

■ **シンプレックス法と双対シンプレックス法の関係** ■

図示できる簡単な例題でシンプレックス法と双対シンプレックス法の関係を示しておく．

今，主問題を下記のように設定する．

最小化 $z = 6x_1 + 5x_2$

条　件 $2x_1 + x_2 \geq 8$

$3x_1 + 5x_2 \geq 15$

$x_i \geq 0 \quad (i = 1, 2)$

このとき，双対問題は次のようになる．

最大化 $y = 8w_1 + 15w_2$

条　件 $2w_1 + 3w_2 \leq 6$

$w_1 + 5w_2 \leq 5$

$w_i \geq 0 \quad (i = 1, 2)$

これらの問題を図解すると，図 3.1, 3.2 (次ページ) のようになる．主問題の最適解は図 3.1 の A 点であり，この端点のシンプレックス表は次のようになる．

	$\boldsymbol{P_0}$	$\boldsymbol{P_3}$	$\boldsymbol{P_4}$
$\boldsymbol{P_1}$	25/7	−5/7	1/7
$\boldsymbol{P_2}$	6/7	3/7	−2/7
	180/7	−15/7	−4/7

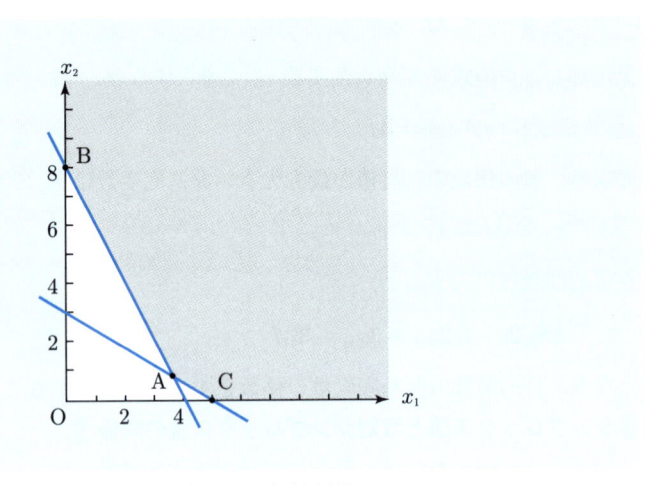

図 3.1 主問題の制約領域

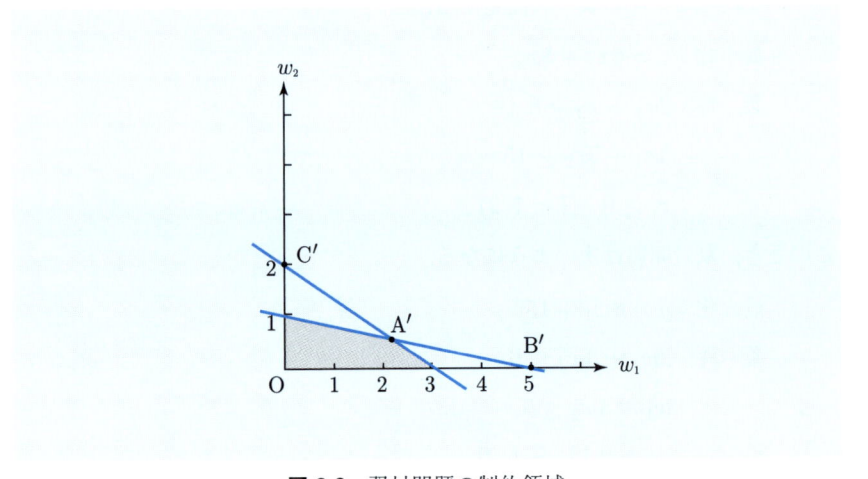

図 3.2 双対問題の制約領域

一方,双対問題の最適解は図 3.2 の A' 点であり,この端点のシンプレックス表は次のようになる (なお,主問題,双対問題ともにそれぞれ非負のスラック変数 x_3, x_4 と w_3, w_4 を導入し,標準形にして解く).

3.5 双対シンプレックス法

	P'_0	P'_3	P'_4
P'_1	15/7	5/7	−3/7
P'_2	4/7	−1/7	2/7
	180/7	25/7	6/7

すでに述べたように，これらはお互いに双対なシンプレックス表である．

次に，主問題の可能基底解である端点 B についてシンプレックス表を計算すると次のようになる．

	P_0	P_1	P_3
P_2	8	2	−1
P_4	25	7	−5
	40	4	−5

一方，双対問題の可能でない基底解 B′ のシンプレックス表を計算すると下記のようになる．

	P'_0	P'_4	P'_2
P'_3	−4	−2	−7
P'_1	5	1	5
	40	8	25

これらもお互いに双対なシンプレックス表である．図 3.1 の B 点は最適性の条件は満たしていないが非負条件を満たす可能基底解であり，図 3.2 の B′ 点は最適性の条件は満たしているが非負条件は満たさない可能でない基底解である．図 3.1 の C 点と図 3.2 の C′ 点も同様な関係にある．

> つまり，主問題をシンプレックス法で解くプロセス (基底解の探索手順) は，双対問題を双対シンプレックス法で解くプロセスに 1 対 1 対応している．逆に主問題を双対シンプレックス法で解くプロセスは双対問題をシンプレックス法で解くプロセスに対応することになる．

3.6 内点法の概要

シンプレックス法は最適解が端点 (可能基底解) に現れることを利用し，最適解に達するまで多面体の辺をたどって目的関数の値を改善することで線形計画問題を解く．端点の数が有限であるので，このアルゴリズムは有限回で最適解に到達することが保証されるが，制約条件式の本数が増えるとその**計算時間**は指数関数的に長くなる可能性がある．

これに対し，1984 年のカーマーカー (Karmarkar) 法の発表によって注目されるようになった**内点法** (interior–point method) は，大規模な線形計画問題をより効率的に解くものとして期待されている．内点法とは，図 3.3 に示すように，制約領域の内部を通って最適解に近づく方法であり，その計算時間が**多項式オーダー**に留まることが理論的に証明されている．提案当初の内点法は，理論的には優れていても実用的には利用できないという印象を持たれていたが，1990 年代の活発な研究の結果，現在ではシンプレックス法を凌ぐ手法へと改良され，制約条件式の本数が百万本オーダーの大規模問題も数十回程度の反復回数で十分な近似解が得られるようになっている．

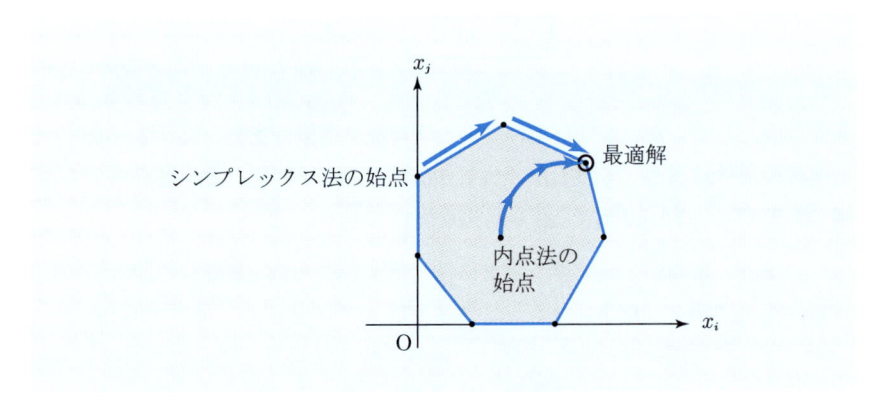

図 3.3 シンプレックス法と内点法の最適解への接近の模式図

内点法はカーマーカー法のほかにも，アフィンスケーリング法，主双対内点法などいくつかの種類に分類できる．内点法は**反復法**の一種と考えられるので，具体的な解法アルゴリズムについては，実用的応用の主流となっている主双対

3.6 内点法の概要

内点法を取り上げて,反復法について説明する 5.4 節において紹介する.ここでは内点法による解法の基本アプローチを簡単に説明しておく.

1967 年に旧ソ連の数学者 Dikin によって提案された**アフィンスケーリング法**は,カーマーカー法の発表後に再発見されたものである.線形計画問題の解法を難しくしているのは,標準形にしたときに現れる変数の非負制約であるが,内点法の特徴的なアイデアはこの非負制約に起因する問題を回避するために値がゼロに近づいた変数を制約領域内部に引き戻す座標変換を行うことである.アフィンスケーリング法ではこの変換方法として最も簡単なアフィン変換を用いる.非負条件を含む制約条件を満たす任意の点から出発して,座標変換された線形計画問題を反復法の一種である勾配射影法によって解を改善することで,制約条件の範囲内で目的関数を単調に減少させることができ,目的関数の変化量が十分小さくなったところで計算を終了する.ただし,この手法では計算時間の多項式性は保証されていない.

カーマーカー法では,射影変換とカーマーカーポテンシャル関数を導入して,制約条件を満たす任意の点から出発して反復法によってポテンシャル関数を減少するよう解を改善する.詳しい説明は省略するが,この方法によって多項式オーダーの計算時間で線形計画問題を解くことが可能になる.

5.4 節で具体的に説明する**主双対内点法**では,線形計画問題の双対性と第 5 章で説明するクーン・タッカー条件を用いて,線形計画問題の最適解を非線形連立方程式の解として定式化し,その解を数値計算法によって求めるアプローチをとる.

3章の問題

- **1** 表 2.1 で表される端点 ⑫ のシンプレックス表を作成せよ．

- **2** 標準形の線形計画問題 (z を最小化，x_i は非負) について次の問に答えよ．

    最小化 　$z = 3x_1 + 2x_2$
    条　件 　$x_1 + x_2 + x_3 = 7, \quad x_1 - x_2 + x_4 = 4$
    　　　　$x_1 + 3x_2 - x_5 = 6, \quad 2x_1 + x_2 - x_6 = 4$

    (1) 可能基底解 ($x_1 = 9/2, x_2 = 1/2, x_3 = 2, x_4 = 0, x_5 = 0, x_6 = 11/2$) に対応するシンプレックス表を作成せよ．
    (2) 隣接する可能基底解をすべて挙げ，対応するシンプレックス表を作成せよ．
    (3) 最適解を求めよ．

- **3** (3.26) 式 (p.44) の z_j が非基底変数 x_j を基底に入れた場合の基底変数の変化に伴う目的関数の感度を示していることを説明せよ．

- **4** 下記の線形計画化問題 (z を最小化，x_i は非負，これを主問題とする) について次の問に答えよ．

    最小化 　$z = x_1 + x_2$
    条　件 　$2x_1 + x_2 \geq 8$
    　　　　$3x_1 + 7x_2 \geq 21$

    (1) この問題の双対問題を定式化せよ．
    (2) 主問題と双対問題をシンプレックス法で解いて，$z_{\min} = y_{\max}$ を確認せよ．
    (3) 主問題の最適解に対するシンプレックス乗数を求め，それが双対問題の最適解になっていることを確認せよ．
    (4) 主問題を双対シンプレックス法で解け．ただし，$x_1 = x_2 = 0, x_3 = -8, x_4 = -21$ を出発点とする．また，各ステップごとのシンプレックス表が双対問題をシンプレックス法で解いたときのシンプレックス表と対応していることを確認せよ．
    (5) 標準形にした主問題の可能基底解 $[0, 8, 0, 35]$ に対するシンプレックス表と双対シンプレックス表を作成せよ．
    (6) 双対問題を双対シンプレックス法で解け．ただし，探索の最初に用いる基底解は (5) における主問題の可能基底解に対応するものを用いよ．

4 特殊線形計画問題

　線形計画問題の中には，特殊な構造を持つため第3章で述べた解法のアルゴリズムを簡略化して適用して解ける問題がある．ここではそのような特殊な線形計画問題として，輸送問題とネットワーク・フロー問題を取り上げる．いずれもシンプレックス乗数や双対性を巧妙に利用した見通しのよい解法が適用できる．また，これらの問題の定式化は現実問題への応用範囲も広い．問題のシステム構造の特徴を巧みに利用した解法は，数学的に美しいだけでなく，現実をシステムの視点から見て整理する洞察力も養ってくれる．

> **4章で学ぶ概念・キーワード**
> - 輸送問題，北西隅ルール，比較優位説
> - 最大フロー最小カット定理

4.1 輸送問題

輸送問題は複数の出発点から複数の終端点へ，いくつかの輸送経路がある場合に，費用最小で輸送する経路を見つける問題である．これに対し，次節で説明するネットワーク・フロー問題は，1つの出発点と1つの終端点を結ぶ容量の制約されたネットワークにおいて最大輸送可能量を求める問題である．

(1) 輸送問題の定式化

図 4.1 のように，m 個の工場から n 個の店に製品を輸送コスト最小で送る問題を考える．

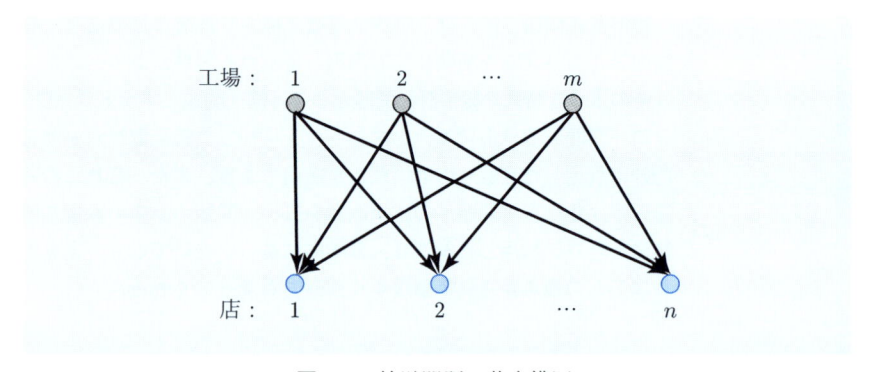

図 4.1 輸送問題の基本構図

計画変数 x_{ij} を工場 i から店 j へ送る輸送量とし，c_{ij} をその場合の輸送単価とすれば，問題は次のように定式化される．

$$\sum_{j=1}^{n} x_{ij} = a_i \quad (i=1,\cdots,m, \quad a_i : i \text{ 工場の生産量}) \tag{4.1}$$

$$\sum_{i=1}^{m} x_{ij} = b_j \quad (j=1,\cdots,n, \quad b_j : j \text{ 店の需要量}) \tag{4.2}$$

$$x_{ij} \geq 0$$

輸送コスト：

$$\text{最小化} \quad z = \sum_{i=1}^{m}\sum_{j=1}^{n} c_{ij} x_{ij} \tag{4.3}$$

生産総量と需要総量が一致している場合には，**輸送総量のバランス**：

$$\sum_{i=1}^{m} a_i = \sum_{j=1}^{n} b_j = \sum_{i=1}^{m} \sum_{j=1}^{n} x_{ij} = A \quad (A：一定) \tag{4.4}$$

が成立する．なお，生産総量が需要総量より大きい場合，つまり

$$\sum_{i=1}^{m} a_i \geq \sum_{j=1}^{n} b_j$$

の場合も $n+1$ 番目の店 (倉庫と考えればよい) を作り，そこへの輸送コストをゼロとすれば，(4.1)～(4.4) 式の定式化を維持できる．

(4.1), (4.2) 式の制約を行列で表現すると次のようになる．

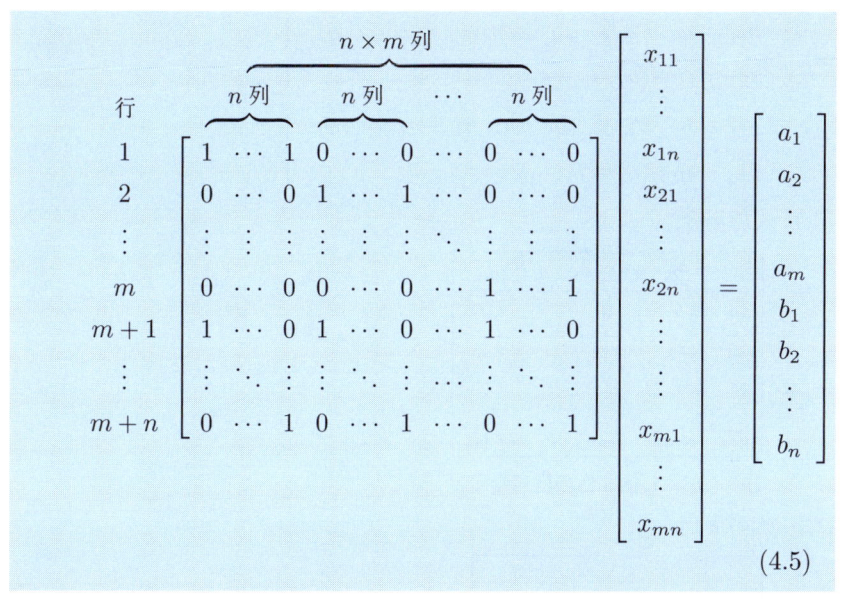

$$
\begin{array}{c}
\text{行} \\
1 \\
2 \\
\vdots \\
m \\
m+1 \\
\vdots \\
m+n
\end{array}
\left[
\begin{array}{ccccccccc}
1 & \cdots & 1 & 0 & \cdots & 0 & \cdots & 0 & \cdots & 0 \\
0 & \cdots & 0 & 1 & \cdots & 1 & \cdots & 0 & \cdots & 0 \\
\vdots & & & & & & \ddots & & & \vdots \\
0 & \cdots & 0 & 0 & \cdots & 0 & \cdots & 1 & \cdots & 1 \\
1 & \cdots & 0 & 1 & \cdots & 0 & \cdots & 1 & \cdots & 0 \\
\vdots & \ddots & & \vdots & \ddots & & & \vdots & \ddots & \vdots \\
0 & \cdots & 1 & 0 & \cdots & 1 & \cdots & 0 & \cdots & 1
\end{array}
\right]
\begin{bmatrix} x_{11} \\ \vdots \\ x_{1n} \\ x_{21} \\ \vdots \\ x_{2n} \\ \vdots \\ x_{m1} \\ \vdots \\ x_{mn} \end{bmatrix}
=
\begin{bmatrix} a_1 \\ a_2 \\ \vdots \\ a_m \\ b_1 \\ b_2 \\ \vdots \\ b_n \end{bmatrix}
\tag{4.5}
$$

($n \times m$ 列，各ブロック n 列)

なお，上記の $m+n$ 本の制約式のうち，1 つは総量バランス式から導けるので，**独立な式**は $m+n-1$ 本である．

(2) 初期可能基底解の見つけ方

輸送問題の初期可能基底解の求め方については，**北西隅ルール** (north–west corner rule) と呼ばれるユニークな方法がある．計画変数 x_{ij} を次のように整理して並べる．

	b_1	b_2	$\cdots$	b_n
a_1	x_{11}	x_{12}	$\cdots$	x_{1n}
a_2	x_{21}	x_{22}	$\cdots$	x_{2n}
$\vdots$	$\vdots$	$\vdots$	$\vdots$	$\vdots$
a_m	x_{m1}	x_{m2}	$\cdots$	x_{mn}

(4.6)

(4.1), (4.2) 式の制約条件から, x_{ij} の各行の和は左端列の a_i となり, 各列の和は最上行の b_j になる. このとき, この制約条件を満たす変数の値は, 左上方端 (地図でいえば**北西の隅**) の x_{11} から次のように順番に決めることができる.

$$x_{11} = \min(a_1, b_1)$$

$$\left. \begin{array}{l} x_{11} = a_1 \quad \text{なら} \quad x_{1j} = 0 \quad (j = 2, \cdots, n) \\ x_{21} = \min(a_2, b_1 - a_1) \end{array} \right\} \quad (4.7)$$

$$\left. \begin{array}{l} x_{11} = b_1 \quad \text{なら} \quad x_{i1} = 0 \quad (i = 2, \cdots, m) \\ x_{12} = \min(a_1 - b_1, b_2) \end{array} \right\} \quad (4.8)$$

(4.7) 式の場合,

	b_1	b_2	$\cdots$	b_n
a_1	a_1	0	$\cdots$	0
a_2	x_{21}^*	x_{22}	$\cdots$	x_{2n}
$\vdots$	$\vdots$	$\vdots$	$\vdots$	$\vdots$
a_m	x_{m1}	x_{m2}	$\cdots$	x_{mn}

注) * が新しい北西の隅になる.

(4.8) 式の場合,

	b_1	b_2	$\cdots$	b_n
a_1	b_1	x_{12}^*	$\cdots$	x_{1n}
a_2	0	x_{22}	$\cdots$	x_{2n}
$\vdots$	$\vdots$	$\vdots$	$\vdots$	$\vdots$
a_m	0	x_{m2}	$\cdots$	x_{mn}

注) * が新しい北西の隅になる.

となり, いずれの場合も北西の隅の変数が決まっていく. これを繰り返すとすべての変数を決めることができる (なお, 最後の数値 x_{mn} は総量バランス式 (4.4)

から行和と列和を同時に満たすように自動的に決まる).

北西の隅の変数の数値から順番に決まっていくので,これを**北西隅ルール**と呼んでいる.北西隅ルールの手順 (1 つの変数が決まるたびに,その数値のある行あるいは列のどちらか一方のほかの変数はすべてゼロとなって 1 列あるいは 1 行が決まり,最後の変数は行と列の両方が同時に決まる) から,$m+n-1$ 個の変数が正値に決まる.$m+n-1$ は独立な制約式の数であるから,この手順で得られる可能解は**可能基底解**である.例題で説明するのがわかりやすいだろう.

輸送問題の例題 (1)

3 個の工場 (生産量はそれぞれ,8, 5, 7 とする) から 5 個の店 (需要量はそれぞれ,4, 2, 5, 3, 6 とする) への輸送問題を考える.

このとき,北西隅ルールを適用すれば,下記のように左から順番に輸送量が決まり,これが初期可能基底解となる.

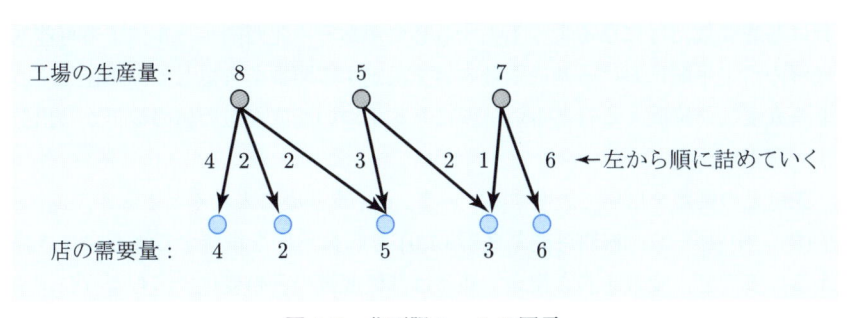

図 4.2 北西隅ルールの図示

これを (4.6) の表形式で示すと,この例題は次のようになる.

	4	2	5	3	6
8	x_{11}	x_{12}	x_{13}	x_{14}	x_{15}
5	x_{21}	x_{22}	x_{23}	x_{24}	x_{25}
7	x_{31}	x_{32}	x_{33}	x_{34}	x_{35}

- $m=3$, $n=5$
- 計画変数の数:$m \times n = 15$
- 有効な制約式の数 (基底変数の数):$m+n-1 = 7$

ここで,北西隅ルールによる初期可能基底解の設定は,次のようになる.

	4	2	5	3	6
8	4	2	2	0	0
5	0	0	3	2	0
7	0	0	0	1	6

(4.9)

なお，(4.7), (4.8) 式の手順からわかるように，輸送問題において，a_i ($i = 1, \cdots, m$), b_j ($j = 1, \cdots, n$) が**すべて整数**であれば，可能基底解 (最適解も含まれる) はすべて整数になる．これは輸送問題の重要な特性である．

(3) 基底の入れ替え

種々の可能基底解を求めるためには，制約条件式の順番を入れ替えて北西隅ルールを適用すればよい．しかし，初期可能基底解が見つかれば，それを起点にして順次 1 つずつ基底変数を入れ替えて**隣の端点**に移動するのが効率的である．これには，非基底変数の 1 つを正値にして，縦と横の総和が変化しないよう維持して，順次基底変数を書き換えればよい．このとき，値を書き換える変数は基底変数だけになるよう工夫する必要がある．北西隅ルールによる可能基底解の設定手順における基底変数の値を決定する順番を考慮して，正値とする非基底変数が位置する行あるいは列にある 1 つの基底変数の値の変更から出発すればよい．

先ほどの例題を用いて説明する．いま，x_{31} を基底に入れるとすると，$x_{31} = \theta$ ($\theta > 0$) として，初期可能基底解 (4.9) を制約条件を維持するように書き換える．ここで，変数を書き換える順番は基底変数のみの変化で済むように選ぶ必要がある．例題の場合は x_{11} を制約式を満たすように変更し，以下縦横の総和が変化しないように順次基底変数の値を変更すると次のようになる[1]．なお，行の和を維持する場合には，x_{34} を変更すれば同じ結果になる．

	4	2	5	3	6
8	$4-\theta$	2	$2+\theta$	0	0
5	0	0	$3-\theta$	$2+\theta$	0
7	θ	0	0	$1-\theta$	6

---

[1] 第 1 行において x_{12} でなく，x_{13} を書き換えているが，x_{12} を変更すると 2 列目の列和を維持するためには非基底変数を変化させざるを得なくなるので x_{13} を変化させていることに注意せよ．

ここで,現在の基底変数の1つをゼロにして基底から出して残りはすべて正値を維持するためには,値を減少する方向で変更する基底変数の中で最小のもの (x_{34}) を選び,$\theta = 1$ として,x_{34} を基底から出せばよい.これにより基底を1つ入れ替えて隣の端点：

	4	2	5	3	6
8	3	2	3	0	0
5	0	0	2	3	0
7	1	0	0	0	6

へ移動できた.なお,北西隅ルールによる初期可能基底解の決定手順から,この基底の入れ替え方式が一般性を持つことが理解できる.

(4) 最適解の探索

(4.5) 式に示されているように,輸送問題では,変数の数は $m \times n$ 個と多いが,制約条件を表す行列 ($n+m$ 行,$n \times m$ 列) のほとんどの要素はゼロであり,各列に2箇所だけ1が入る.つまり,輸送問題の等号制約式における x_{ij} の係数列ベクトルは,

$$\boldsymbol{P}_{ij} = \begin{bmatrix} 0 \\ \vdots \\ 1 \\ \vdots \\ 0 \\ 0 \\ \vdots \\ 1 \\ \vdots \\ 0 \end{bmatrix} \begin{array}{l} \\ \\ \leftarrow \text{上段 } m \text{ 行中の } i \text{ 番目} \\ \\ \\ \\ \\ \leftarrow \text{下段 } n \text{ 行中の } j \text{ 番目} \\ \\ \end{array} \qquad (4.10)$$

となる.このような制約条件式の特性を,制約式に対応するシンプレックス乗数に反映させることで,輸送問題の最適解は簡潔なアルゴリズムで見つけることができる.

ここで，線形計画問題の最適性の条件 (第3章の (3.11), (3.26) 式)：

$$z_j - c_j \leq 0, \quad z_j = [\pi_1, \cdots, \pi_m]\boldsymbol{P}_j$$

を思い出してみよう (ここで，j は非基底変数 x_j の添え字)．輸送問題の場合には，制約式は $m+n$ 本であるので，制約条件式に対応するシンプレックス乗数を，上段 m 本について u_i ($i = 1, \cdots, m$)，下段 n 本について v_j ($j = 1, \cdots, n$) と記すことにすれば，

$$z_{ij} = [u_1, \cdots, u_m, v_1, \cdots, v_n]\boldsymbol{P}_{ij} = u_i + v_j \tag{4.11}$$

となるので，最適性の条件は，

$$z_{ij} - c_{ij} = u_i + v_j - c_{ij} \leq 0 \tag{4.12}$$

となる．なお，輸送問題の計画変数は x_{ij} と表示するので，変数を表す添え字を ij としている．

基底変数 x_{ij} ($m+n-1$ 個) については，シンプレックス乗数の定義より，

$$z_{ij} = [u_1, \cdots, u_m, v_1, \cdots, v_n]\boldsymbol{P}_{ij} = u_i + v_j = c_{ij} \tag{4.13}$$

が成立する．また，独立な制約条件式は $m+n-1$ 本なので，シンプレックス乗数 $u_1, \cdots, u_m, v_1, \cdots, v_n$ ($m+n$ 個) も独立なものは $m+n-1$ 個であり，1つは任意に決められる．よって，基底変数 ($m+n-1$ 個) に対して成立する (4.13) 式によりシンプレックス乗数を決定することができる．

以上より，輸送問題の最適解を求める手順は次のようになる．

輸送問題の最適解を求める手順

step1 ある可能基底解について (4.13) 式を満たすシンプレックス乗数 u_i, v_j を求める (そのうち，1個は任意に定める)．

step2 上記で決められた u_i, v_j から，すべての非基底変数について，
$$z_{ij} - c_{ij} = u_i + v_j - c_{ij}$$
を求め，これがすべて ≤ 0 なら，現在の可能基底解が最適解である．

step3 $z_{ij} - c_{ij} > 0$ なるものがあれば，その中で最大のものを基底変数に入れ，隣の可能基底解を求めて，**step1** へ戻って上記のアルゴリズムを繰り返す．

4.1 輸送問題

これも例題で示すとわかりやすいだろう.

輸送問題の例題 (2)

先ほどの例題の初期可能基底解:

	4	2	5	3	6
8	4	2	2	0	6
5	0	0	3	2	0
7	0	0	0	1	6

から出発して,目的関数の値,シンプレックス乗数および z_{ij}, $z_{ij} - c_{ij}$ を計算する.なお,ここで,各輸送経路の輸送単価 c_{ij} を下記のように設定する.

輸送コスト c_{ij}

c_{ij}	$j=1$	2	3	4	5
$i=1$	4	3	2	2	4
2	3	6	4	0	6
3	11	12	3	4	2

このように設定したとき,初期可能基底解による目的関数の値は $z = 54$ となる.

また,初期可能基底解 (基底変数: $x_{11}, x_{12}, x_{13}, x_{23}, x_{24}, x_{34}, x_{35}$) のシンプレックス乗数の定義を表す (4.13) 式は次のようになる.

$$u_1 + v_1 = c_{11} = 4$$
$$u_1 + v_2 = c_{12} = 3$$
$$u_1 + v_3 = c_{13} = 2$$
$$u_2 + v_3 = c_{23} = 4$$
$$u_2 + v_4 = c_{24} = 0$$
$$u_3 + v_4 = c_{34} = 4$$
$$u_3 + v_5 = c_{35} = 2$$

ここで,u_i, v_j のうち 1 つは任意に決められるので,$u_1 = 0$ とすると,

$$v_1 = 4, \quad v_2 = 3, \quad v_3 = 2, \quad u_2 = 2, \quad v_4 = -2, \quad u_3 = 6, \quad v_5 = -4$$

と,いもづる式にすべてのシンプレックス乗数の値が求まる.これを用いて

(4.11) 式より，$z_{ij} = u_i + v_j$ は次のようになる．

$z_{ij} = u_i + v_j$	$v_1 = 4$	$v_2 = 3$	$v_3 = 2$	$v_4 = -2$	$v_5 = -4$
$u_1 = 0$	4	3	2	-2	-4
$u_2 = 2$	6	5	4	0	-2
$u_3 = 6$	10	9	8	4	2

よって，$z_{ij} - c_{ij}$ は，次のようになる．

$z_{ij} - c_{ij}$	$j = 1$	2	3	4	5
$i = 1$	0	0	0	-4	-8
2	3	-1	0	0	-2
3	-1	-3	5	0	0

ここで，灰色で示した数値は最適性の条件を満たさない．$z_{ij} - c_{ij}$ が最も大きい x_{33} を基底に入れるよう可能基底解を書き換えると次のようになる．

	4	2	5	3	6
8	4	2	2	0	0
5	0	0	2	3	0
7	0	0	1	0	6

ここで，目的関数の値は $z = 49$ となる．

この可能基底解について先ほどと同様にシンプレックス乗数を求めて z_{ij} を計算すると下記のようになる．

$z_{ij} = u_i + v_j$	$v_1 = 4$	$v_2 = 3$	$v_3 = 2$	$v_4 = -2$	$v_5 = 1$
$u_1 = 0$	4	3	2	-2	1
$u_2 = 2$	6	5	4	0	3
$u_3 = 1$	5	4	3	-1	2

これより，$z_{ij} - c_{ij}$ は次のようになる．

$z_{ij} - c_{ij}$	$j = 1$	2	3	4	5
$i = 1$	0	0	0	-4	-3
2	3	-1	0	0	-3
3	-6	-8	0	-5	0

ここで，灰色で示した数値が最適性の条件を満たさないので，x_{21} を基底に入

れると，可能基底解は次のようになる．

	4	2	5	3	6
8	2	2	4	0	0
5	2	0	0	3	0
7	0	0	1	0	6

今までと同様に，z_{ij}, $z_{ij} - c_{ij}$ を求めると次のようになる．

$z_{ij} = u_i + v_j$	$v_1 = 4$	$v_2 = 3$	$v_3 = 2$	$v_4 = 1$	$v_5 = 1$
$u_1 = 0$	4	3	2	1	1
$u_2 = -1$	3	2	1	0	0
$u_3 = 1$	5	4	3	2	2

$z_{ij} - c_{ij}$	$j=1$	2	3	4	5
$i=1$	0	0	0	-1	-3
2	0	-4	-3	0	-6
3	-6	-8	0	-2	0

ここでは，すべての $z_{ij} - c_{ij}$ が ≤ 0 であるので，この可能基底解が最適解である．このとき，$z_{\min} = 43$ となる．

(5) 中継地のある輸送問題

生産や消費を行わない中継地がある場合の輸送問題を考えよう．なお，図 4.3 (次ページ) に示すように，工場や店でも中継業務が行えるとする．この場合，すべての中継地を工場 (出発点) あるいは店 (目的地) のどちらかに分類して下記のように問題を定式化できる．

出発点を $i = 1, \cdots, m$，目的地を $j = m+1, \cdots, m+n$ とし，計画変数 x_{ij} は i 点から j 点への輸送量とする．

出発点のバランス：

$$\sum_{j=1}^{m+n}{}' x_{ij} = a_i + t_i \quad (i = 1, \cdots, m) \tag{4.14}$$

ここで，$\sum'$ は $i = j$ を除く和を示す (以下同じ)．また，a_i は i 点で作る製品の量，t_i はほかの点から i 点に運び込まれる製品の総量であり，

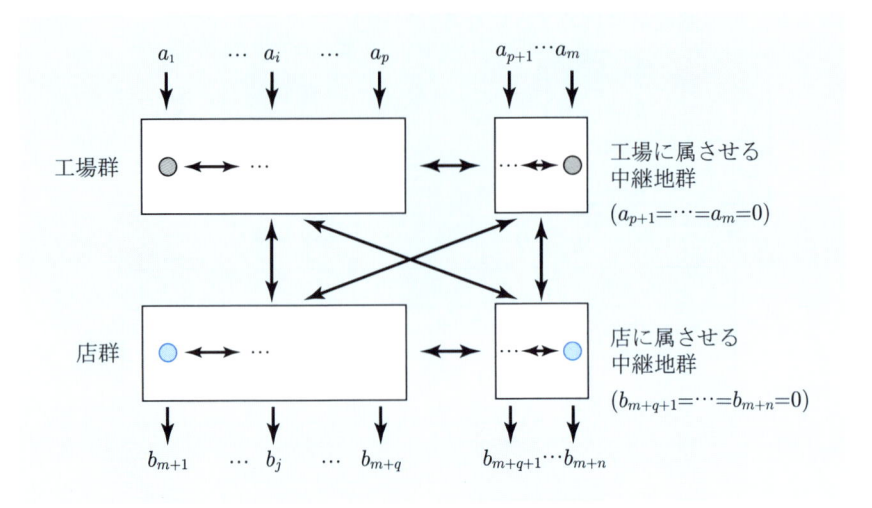

図 4.3 中継地のある輸送問題の構図

$$t_i = \sum_{k=1}^{m+n}{}' x_{ki} \quad (i=1,\cdots,m) \tag{4.15}$$

となる．

目的地のバランス：

$$\sum_{i=1}^{m+n}{}' x_{ij} = b_j + t_j \quad (j=m+1,\cdots,m+n) \tag{4.16}$$

ここで，b_j は j 点で消費する製品の量，t_j は j 点からほかの地点へ運び出す製品の総量であり，

$$t_j = \sum_{k=1}^{m+n}{}' x_{jk} \quad (j=m+1,\cdots,m+n) \tag{4.17}$$

となる．なお，工場 (出発点) に分類された中継地の生産量はゼロ，同様に店 (目的地) に分類された中継地の消費量もゼロであることに注意する．

また，目的関数 (最小化) は，

$$z = \sum_{j=1}^{m+n}{}' \sum_{i=1}^{m+n}{}' c_{ij} x_{ij} + \sum_{i=1}^{m} c_i t_i + \sum_{j=m+1}^{m+n} c_j t_j \tag{4.18}$$

ここで，c_{ij} は i 点から j 点までの輸送単価，c_i, c_j はそれぞれ i 点と j 点での中継料の単価である．

なお，本節 (1) で定式化した輸送問題の場合と同様に，生産と消費の総量バランス：

$$\sum_{i=1}^{m} a_i = \sum_{j=m+1}^{n} b_j$$

が成立するとする．

(4.14)〜(4.17) の定式は，輸送問題に似ているが，t_i, t_j が新しい変数として加えられており，これを左辺に移すと係数が -1 になる．

この問題を解決するために，

$$t_i \leq L \quad (i = 1, \cdots, m, m+1, \cdots, m+n)$$

となるような定数 L を導入する $\left(L = \sum_{i=1}^{m} a_i \text{とすれば十分である}\right)$．ここでは t_i $(i = 1, \cdots, n)$ と t_j $(j = m+1, \cdots, m+n)$ を1つにまとめて添字 i $(i = 1, \cdots, m+n)$ で表現していることに注意する．ここで，

$$t_i = L - x_{ii} \quad (i = 1, \cdots, m, m+1, \cdots, m+n) \tag{4.19}$$

と**変数変換**する．つまり，変数 x_{ii} が t_i を等価的に示すことになる．これにより，(4.14) 式と (4.17) 式は，

$$\sum_{j=1}^{m+n} x_{ij} = \begin{cases} a_i + L \quad (i = 1, \cdots, m) \\ \quad (工場から外部に運び出す総量に対応) \\ L \quad (i = m+1, \cdots, m+n) \\ \quad (店から外部に運び出す総量に対応) \end{cases} \tag{4.20}$$

となり，(4.15) 式と (4.16) 式は，

$$\sum_{i=1}^{m+n} x_{ij} = \begin{cases} L \quad (j = 1, \cdots, m) \\ \quad (外部から工場に運び込まれる総量に対応) \\ b_j + L \quad (j = m+1, \cdots, m+n) \\ \quad (外部から店に運び込まれる総量に対応) \end{cases} \tag{4.21}$$

また，目的関数は，

$$z = \sum_{i=1}^{m+n}{}' \sum_{j=1}^{m+n}{}' c_{ij}x_{ij} + \sum_{i=1}^{m+n} c_i t_i$$

$$= \sum_{i=1}^{m+n}{}' \sum_{j=1}^{m+n}{}' c_{ij}x_{ij} + \sum_{i=1}^{m+n} c_i L - \sum_{i=1}^{m+n} c_i x_{ii}$$

$$z = \sum_{i=1}^{m+n} \sum_{j=1}^{m+n} c_{ij}x_{ij} + C \quad \left(C = \sum_{i=1}^{m+n} c_i L : 定数 \right) \tag{4.22}$$

ここで，

$$c_{ii} = -c_i \ (i = 1, \cdots, n)$$

となり，結局，本節(1)で定式化した輸送問題に帰着させることができる．

(6) 輸送問題に帰着できる問題

(a) 最短経路問題

図 4.4 のように，s 点で生産量 1，t 点で消費量 1 の中継地がある輸送問題を考える．このとき，ノード間の距離を輸送単価としてこの輸送問題を解くと，最適解は整数解となるから，各輸送路の輸送量はゼロあるいは 1 となり，輸送量が 1 である経路をつないだものが最短経路である．また，目的関数は輸送量が 1 となった経路の輸送単価 (ノード間の距離) を合計したものになるので，これ

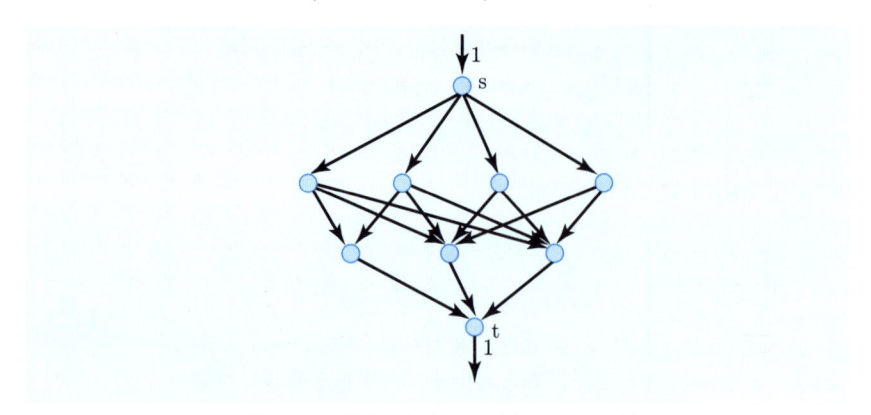

図 4.4 最短経路問題に対応する中継地のある輸送問題

が最短経路の距離を表すことになる．

(b) 割当問題

一定の時間帯において，n 人の作業者に n 種類の仕事を最も効果が高くなるように割り当てる問題を考える．ここで，どの仕事も中断できず必ず誰かが仕事を担当していなければならないとする．このとき，計画変数 x_{ij} を，i という人に仕事 j をさせる労働時間の比率とし，その場合の単位時間当たりの効果を c_{ij} とすると，この問題は次のように定式化できる．

$$
\begin{aligned}
\text{条 件} \quad & \sum_{j=1}^{n} x_{ij} = 1 \quad (i = 1, \cdots, n) \\
& \text{(作業者 } i \text{ の仕事の分担)} \\
& \sum_{i=1}^{n} x_{ij} = 1 \quad (j = 1, \cdots, n) \\
& \text{(仕事 } j \text{ の作業者の分担)} \\
& x_{ij} \geq 0 \\
\text{最大化} \quad & z = \sum_{i=1}^{n} \sum_{j=1}^{n} c_{ij} x_{ij}
\end{aligned}
$$

これは，輸送問題と同じ定式化で，パラメータが整数であるので最適解は整数で，x_{ij} はゼロか 1 になる．つまり，特定の作業者は特定の仕事に専念する**分業が最適解**になることがわかる．この場合，可能基底解の非負の計画変数 (基底変数) は n 個である．これは，割当問題の $2n$ 本の等号制約式のうち，独立なものは n 本であることに対応する．これは北西隅ルールから明らかであるが，数式で示せば，

$$
\begin{aligned}
\sum_{i=1}^{n}{}' x_{ij} &= \sum_{j=1}^{n}{}' x_{ij} \\
&= 1 - x_{kk} \quad (k = 1, \cdots, n)
\end{aligned}
$$

が成立するためである．

例題を示そう．

例題 4.1

いま,教授と秘書の1時間当たりの仕事の効果 c_{ij} が下記のようであるとする.つまり,研究でも事務でも教授のほうが秘書より能力が高い (現実にそうとは限らない) が,ケース2の場合は秘書が研究において教授に肉薄する能力を持っているという状況を考える.

ケース1

	研究	事務
教授	10	5
秘書	1	3

ケース2

	研究	事務
教授	10	5
秘書	9	3

この割当問題の解を求めよ.

【解答】 ケース1の場合,教授が研究に専念し,秘書は事務に専念する.この場合の総効果は13.ケース2の場合,教授が事務に専念し,秘書が研究に専念する.この場合の総効果は14で,これが最適解である.ケース2は意外な結果と思うかもしれないが,これが最適解であることは明瞭である. ■

■ リカードの比較優位説 ■

上の例題で示した教授と秘書の仕事の割当問題は,**比較優位説**に似たところがある.比較優位説とは自由貿易に関して生まれた考え方で,リカードが提唱した**国際分業の利益**を説明する理論である.リカードは,労働力の移動がない2国間での貿易において,各々の国の生産品目は労働生産性が比較優位を持つ生産物に特化することで双方が利益を得ることを理論的に示した.

パンとワインという商品について,A国とB国がそれぞれどちらの商品も生産していたとする.A国は労働者1人当たりでパンなら10単位,ワインなら20単位が生産できるとする.一方,B国は労働者1人当たりでパンなら50単位,ワインなら150単位生産できるとする.つまり,A国はどちらの商品生産においてもB国より労働生産性が低い.

A, B両国の生産性

	A国	B国
パン	10 単位/人	50 単位/人
ワイン	20 単位/人	150 単位/人

しかし，貿易を考えると，A 国はパン生産において B 国に対して競争力を持つ．A 国はパン生産において比較優位なのである．比較優位とは，A 国ではパン 1 単位とワイン 2 単位が等価 (同じ労働力投入で生産できるという意味)，B 国ではパン 1 単位とワイン 3 単位が等価であるから，国内の労働生産性の比較という点では，A 国のほうがパンを割安に作れるという意味である．

ここで，等価の意味に注意する必要がある．どちらの国も労働力をフル活用している場合，パンを多く作るためにはワインの生産を減らさなくてはならない．ここで，A 国ではワイン生産を 2 単位減らせばパン 1 単位を作ることができるのに対し，B 国ではワインを 3 単位減らさなければパン 1 単位を作ることができない．つまり，パン 1 単位の生産についての等価という点で，A 国は交換比率の上で B 国よりも優位である．これが比較優位の意味である．

一方，逆にみれば，A 国ではパンを 1 単位減らしてもワインが 2 単位しか増えないのに対して，B 国はパンを 1 単位減らすことでワインを 3 単位増やすことができる．つまり，A 国はワイン生産においては比較劣位である．

この状態で A 国と B 国との自由貿易 (関税などの貿易障壁がない貿易) を考える．

A 国では 100 人の労働者がおり，貿易がない鎖国状態では，50 人がパンを，50 人がワインを生産しているとする．つまり A 国の生産量は，パン 500 単位，ワイン 1000 単位である．ここで，A 国が比較優位なパン生産に特化すると生産量は，パン 1000 単位，ワイン 0 単位となる．ここで，A 国はこの増産したパンのうち 500 単位を B 国へ輸出し，ワイン 1500 単位と等価交換する (この交換の比率は B 国でのパンとワインの等価条件と一致しているので B 国は受け入れると思われる)．交換されたワイン 1500 単位は A 国に輸入し消費される．この貿易の結果，A 国は生産をパンに特化することによってパン 500 単位とワイン 1500 単位を消費することができ，鎖国状態よりも改善されることになる．なお，B 国では，輸入によって増えたパン 500 単位の国内生産を減らし，それによって浮いた 10 人分の労働力をワイン生産に振り向ければ，輸出した 1500 単位分のワインを増産できるので国内消費は変わらない．

パンとワインの交換比率を，例えば，パン 500 単位とワイン 1250 単位などのように (この場合の交換比率はパン 1 に対してワイン 2.5)，A, B 両国の生産性比率の中間に設定すれば，A, B 両国において 2 つの商品の消費を同時に増や

すことができる (この例の場合には，A 国における消費状態は鎖国状態と比較してパンの消費はそのままでワインの消費が 250 単位増え，B 国においても輸入したパン 500 単位の生産に要する労働力をワイン生産に振り替える事によってワインの生産を 1500 単位増やせるので輸出した 1250 単位を差引いても国内消費を 250 単位増やすことができる)．つまり，比較優位のある物品の生産に特化することによって貿易する両国**双方が利益**を得ることができる．

このリカードの比較優位説を数理計画問題として考えよう．なお，上記で例示した A 国と B 国の間のパンとワインの貿易問題を取り上げるが，ここでは B 国の労働力も A 国と同じく 100 人とし，両国とも必需食料としてパン 500 単位の消費を確保した上で，ワインの生産量を最大化することを目的とすると考える．両国間で自由な貿易があるので，まず，両国のパン生産の和を 1000 単位と制約し，両国合計のワイン生産を最大化する問題を考え，その後で両国間でのパンとワインの貿易の合理性を考える．

前半の問題の定式化は，計画変数を x_{ij} (国 i の労働力のうち商品 j の生産に投入する割合，$i = 1 :$ A 国，$2 :$ B 国；$j = 1 :$ パン，$2 :$ ワイン) として，

条　件　　$x_{11} + x_{12} = 1$　　(A 国における労働力投入比率)　　(4.23)

$\qquad\qquad x_{21} + x_{22} = 1$　　(B 国における労働力投入比率)　　(4.24)

$\qquad\qquad 10 \times 100 x_{11} + 50 \times 100 x_{21} = 1000$　　(パン生産量)　(4.25)

$\qquad\qquad x_{ij} \geq 0$

最大化　　$z = 20 \times 100 x_{12} + 150 \times 100 x_{22}$　　(ワイン生産量)

となる．これは線形計画問題である．

計画変数が 4 個で 3 本の等号制約式 (4.23)〜(4.25) があるので基底変数は 3 個のように見えるが，(4.25) 式を満たす非負の変数 x_{11} と x_{21} を決めれば，(4.23) 式と (4.24) 式から残りの 2 変数は従属して決まる．つまり自由度は 2 で，基底変数の数も 2 個 (x_{11}, x_{12} のグループから 1 個と x_{21}, x_{22} のグループから 1 個) である．よって，x_{11}, x_{12} の一方は非基底変数であり，最適解においてゼロ．同様に x_{21}, x_{22} の一方も最適解においてゼロになる．つまり，A, B 両国はパンかワインのどちらかの生産に特化するのが最適になる．この問題の場合，

$\qquad x_{11} = 1, \quad x_{12} = 0, \quad x_{21} = 0, \quad x_{22} = 1$

が最適解となる．つまり，A 国がパンに，B 国がワインに特化するのが最適となり，比較優位説が裏付けられる．

貿易については，パンの消費量は両国とも 500 単位必要なので，A 国から B 国へパン 500 単位が輸出され，B 国のワインと交換される．この貿易における合理的なパンとワインの交換比率は，2 と 3 の間，つまりワイン 1000 単位と 1500 単位の間である．なぜなら，B 国内においてワイン 1500 単位の生産に必要な労働者数は 10 人であり，この 10 人でパン 500 単位を生産できるのだから，これ以上のワインを提供するくらいなら自国でパンを生産するほうが合理的である．また，A 国にとっては輸出するパン 500 単位の生産に必要な労働者数は 50 人であり，この 50 人でワインを 1000 単位生産できるのだから，輸出の見返りにワインを 1000 単位以下しか得られないのであれば，貿易を止めて自国でワインを生産するほうが得策である．

このように，A, B 両国を統合した全体システムでは最適解がただ 1 つ求まるが，貿易のように意思決定者が複数になる場合には，ゲーム論として定式化できる構造が生まれ，理論的に合理的な解は唯一には決まらない．この例で，貿易交渉者のどちらか一方が，自国の利益を過度に主張 (つまり，パンとワインの交換比率を 2 以下あるいは 3 以上と主張) すれば交渉は決裂し，全体としての最適解が実現できないことになる．

4.2 ネットワーク・フロー問題

ネットワーク・フロー問題は，1つの出発点と1つの終端点を結ぶ容量の制約されたネットワークにおいて最大可能流量を求める問題である．ネットワークの構成要素は**節点**(ノード，node)と節点を結ぶ**弧**(アーク，arc)である．アークには向きがあり，そこを通過する流量に**最大容量**があるとする．節点 a と b を結ぶ弧 ab において，a から b への流量の容量が 4，b から a への流量の容量が 3 であるとき，図 4.5 のように表示するものとする．

図 4.5 節点と弧，および弧の最大容量の表示

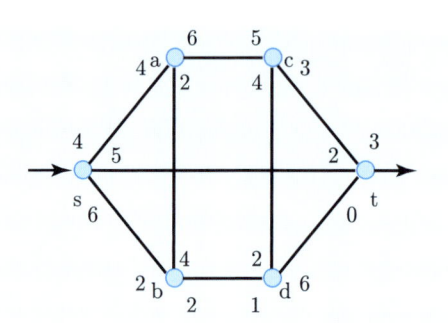

── ネットワーク・フロー問題の例題 ──

始点 s から終点 t が，図 4.6 のように，いくつかの弧で結ばれているとき，s 点から t 点へ流し得る最大流量を求める問題がネットワーク・フロー問題である．

図 4.6 ネットワーク・フロー問題の例題

---

(1) ラベリング法による解法

ネットワーク・フロー問題の古典的解法として，**ラベリング法**がある．ラベリング法では，始点 s から終点 t を結ぶ個々の経路について，順番に経路の容

量制約上限 (つまり経路を構成する直列の弧の中での最小容量) で決まる最大流量を計算し，経路ごとに**残留容量**を書き換えて (これがラベルを張り替える作業になる)，s 点から t 点までを結ぶ経路がなくなるまで続ける．各経路で流せる最大流量の和が解になる．例で示すとわかりやすいだろう．

図 4.6 に示す例題において，s と t を結ぶ経路として s → a → c → t を考えるとこの経路に流せる最大流量は c → t の容量で決まり，3 である．同様に，経路 s → t の最大流量は 5 であり，経路 s → b → d → t の最大流量は 2 である．そしてこれら 3 つの経路に最大流量を流した後の残留容量は図 4.7 (a) のようになる．この残留容量を考慮して s から t を結ぶ容量に余裕のある経路を探索すると，s → b → a → c → d → t が見つかり，流せる最大流量は 3 であることがわかる．図 4.7 (b) にはこの流量を流した後の残留容量を示している．ここに

s→a→c→t : ③

s→t : ⑤

s→b→d→t : ②

○内の数値は各経路の最大流量を示す

(a)

s→b→a→c→d→t : ③

これ以上流せる経路なし

(b)

最大フロー：13 = 3 + 5 + 2 + 3

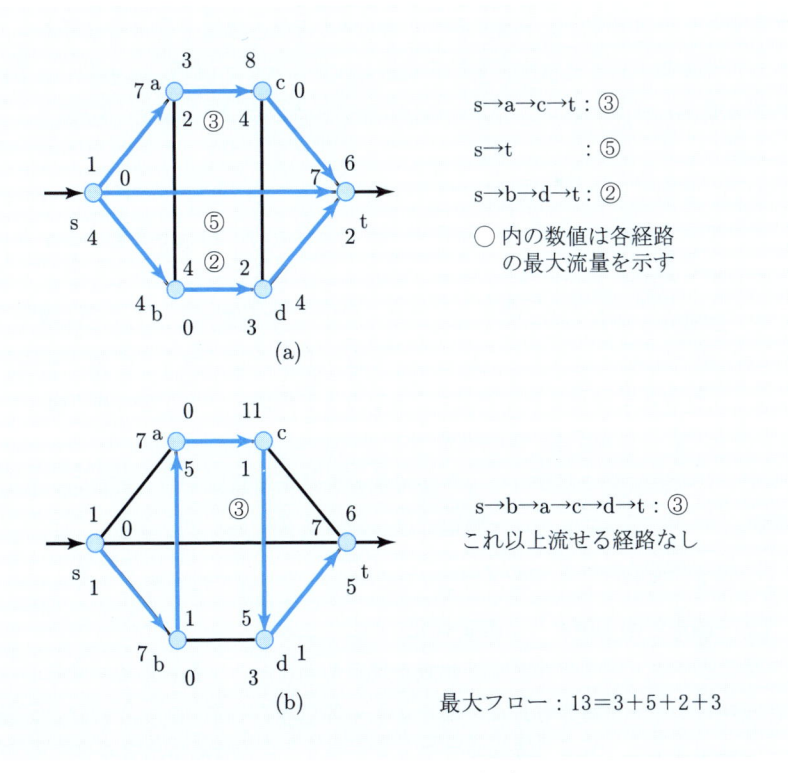

図 4.7 ラベリング法による解法の例

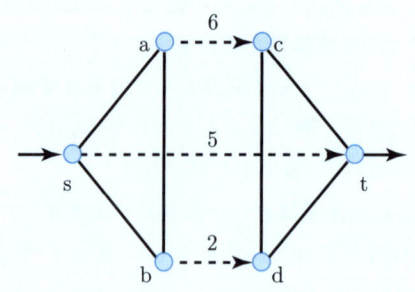

カット：s, a, b | c, d, t
カットの値：$\underset{6}{a\to c}$, $\underset{5}{s\to t}$, $\underset{2}{b\to d}$ の容量の和：13

図 4.8　カットとカットの値の例

示されているように，$a \to c$, $s \to t$, $b \to d$ の弧の残留容量はゼロであり，これらの弧を取り除くとsとtを結ぶ経路はなくなる．つまり，これ以上sからtへ流せる経路はない．よって，本例題における最大流量は 13 ($= 3+5+2+3$) である．

なお，図 4.7 で容量が飽和している弧 $a \to c$, $s \to t$, $b \to d$ を取り除くと，図 4.8 に示すように，sとtを結ぶネットワークは，節点 s,a,b を結ぶネットワークと節点 c,d,t を結ぶネットワークの 2 つに分割される．このように，ネットワークを始点sを含むものと終点tを含むものに 2 分割するような弧の集合 (この例の場合は $a \to c$, $s \to t$, $b \to d$) を**カット**と呼び，カットを構成する弧の容量 (残留容量ではなく初期容量) の和を**カットの値**という．この例の場合には，$a \to c$ が 6，$s \to t$ が 5，$b \to d$ が 2 であるので，カットの値は 13 である．このカットの値は先ほどラベリング法で求めた最大流量に一致している．後述するが，ネットワーク・フロー問題では，最大流量が最小カット値に一致するという重要な定理が成立する．

(2) 線形計画問題としての定式化

始点をゼロ，終点を n とし，始点と終点の間に $n-1$ 個の節点があるネットワーク・フロー問題を考える．節点 i から節点 j への弧 ($i \neq j$) のフロー量を x_{ij}，容量を r_{ij}，また，始点での流入量を x_{00}，終点での流出量を x_{nn} とすれば，ネットワーク・フロー問題は次のように線形計画問題として定式化できる．

線形計画問題として定式化したネットワーク・フロー問題

始点での流量バランス：
$$x_{00} - \sum_{i=0}^{n}{}' x_{0i} + \sum_{i=0}^{n}{}' x_{i0} = 0 \tag{4.26}$$

終点での流量バランス：
$$-x_{nn} - \sum_{i=0}^{n}{}' x_{ni} + \sum_{i=0}^{n}{}' x_{in} = 0 \tag{4.27}$$

なお，すでに述べたように $\sum'$ は $i=j$ を除く和を示す．

始点と終点以外の節点での流量バランス：
$$-\sum_{j=0}^{n}{}' x_{ji} + \sum_{j=0}^{n}{}' x_{ij} = 0 \quad (i=1,\cdots,n-1) \tag{4.28}$$

節点間の弧の容量制約：
$$x_{ij} \leq r_{ij} \quad (i,j=0,\cdots,n,\ i \neq j) \tag{4.29}$$

ここで，対称形の双対性の形式にするために不等号の向きを変え，さらにスラック変数 s_{ij} を導入して，
$$-x_{ij} - s_{ij} = -r_{ij} \quad (i,j=0,\cdots,n,\ i \neq j) \tag{4.30}$$

と等号制約に変換する．
なお，$x_{ij} \geq 0,\ s_{ij} \geq 0$ である．

また，今までの定式化に合わせるために主問題は最小化問題とすれば，目的関数は，

最小化　$z = -x_{nn}$

である．なお，明らかに，$x_{00} = x_{nn}$ である．

この線形計画問題は，変数 x_{ij} が $2+(n+1)n$ 個，スラック変数 s_{ij} が $(n+1)n$ 個，等号制約式が $2+(n-1)+(n+1)n=(n+1)^2$ 本になっている．このように，一般にネットワーク・フロー問題は大規模な線形計画問題になるが，その双対問題を考察することによって，ネットワークの最大フローは最小カットに等しいこと (**最大フロー最小カット定理**) が証明でき，これによって見通しの

(3) ネットワーク・フロー問題の双対問題

変数ベクトルの次元が大きいので，(2) で定式化した線形計画問題を下記のように書き換える．

$\boldsymbol{x} = [x_{00}, x_{nn}, x_{01}, \cdots, x_{0n}, x_{10}, x_{12}, \cdots, x_{1n}, \cdots, x_{n0}, \cdots, x_{nn-1}]^{\mathrm{T}}$: $2+(n+1)n$ 次元ベクトル，$\boldsymbol{s} = [s_{01}, \cdots, s_{0n}, s_{10}, s_{12}, \cdots, s_{1n}, \cdots, s_{n0}, \cdots, s_{nn-1}]^{\mathrm{T}}$: $(n+1)n$ 次元ベクトルとして[2]，

$$[A \quad T] \begin{bmatrix} \boldsymbol{x} \\ \boldsymbol{s} \end{bmatrix} = \boldsymbol{b} \tag{4.31}$$

$$\text{最小化} \quad z = \boldsymbol{c} \begin{bmatrix} \boldsymbol{x} \\ \boldsymbol{s} \end{bmatrix} \tag{4.32}$$

ここで，$\boldsymbol{b} = [0, \cdots, 0, -r_{01}, \cdots, -r_{0n}, -r_{10}, -r_{12}, \cdots, -r_{1n}, \cdots, -r_{n0}, \cdots, -r_{nn-1}]^{\mathrm{T}} : (n+1)^2$ 次元ベクトル，$\boldsymbol{c} = [0, -1, 0, \cdots, 0] : 2+2(n+1)n$ 次元ベクトルである．また，A は $(n+1)^2$ 行 $\times \{2+(n+1)n\}$ 列で，T は $(n+1)^2$ 行 $\times (n+1)n$ 列の行列である．

双対問題は，計画変数ベクトル $\boldsymbol{w}$ の各要素を主問題の制約式に対応して，

$\boldsymbol{w} = [w_{00}, w_{nn}, w_{11}, \cdots, w_{n-1n-1}, w_{01}, \cdots, w_{0n},$
$\qquad w_{10}, w_{12}, \cdots, w_{1n}, \cdots, w_{n0}, \cdots, w_{nn-1}] : (n+1)^2$ 次元ベクトル[3]

とすると，次のようになる．

$$\text{最大化} \quad y = \boldsymbol{w}\boldsymbol{b} = -\sum_{\substack{i,j=0,\cdots,n \\ i \neq j}} w_{ij} r_{ij}$$

$$\text{条 件} \quad \boldsymbol{w}[A \quad T] \leq \boldsymbol{c} \tag{4.33}$$

ここで，行列 A, T の要素を考えよう．まず，T であるが，この行列は s_{ij} の係数であるから，$n+1$ 行目まではすべての要素がゼロであり，$n+2$ 行目から下の正方行列部分には対角要素に -1 が入る ((4.34) 式)．よって，

---

[2] ここで x_{ii} $(i=1,\cdots,n-1)$ と s_{ii} $(i=0,\cdots,n)$ が抜けていることに注意．
[3] ここでは，位置は規則的に並んでいないが，w_{ii} $(i=0,\cdots,n)$ が存在することに注意．

4.2 ネットワーク・フロー問題

$$wT \leq 0$$

より，

$$-w_{ij} \leq 0 \quad (i,j = 0,\cdots,n,\ i \neq j)$$

である．

$$T = \begin{bmatrix} 0 & \cdots & \cdots & 0 \\ \vdots & \cdots & \cdots & \vdots \\ 0 & \cdots & \cdots & 0 \\ -1 & 0 & \cdots & 0 \\ 0 & -1 & \cdots & 0 \\ \vdots & \cdots & \ddots & \vdots \\ 0 & \cdots & 0 & -1 \end{bmatrix} \begin{matrix} \leftarrow n+1 \text{行目} \\ \\ (n+1)n \times (n+1)n \text{ 正方行列} \\ (\text{これを } [*] \text{ とする}) \end{matrix} \quad (4.34)$$

次に，A について考える．行列 A は x_{ij} の係数であり，行列 T と較べて行数は同じであるが，列が 2 列多い．行列 A の左端 2 列は x_{00} と x_{nn} の係数であり，第 1 行は 1,0：第 2 行は 0,−1 であり，それ以外の行では左端 2 列はすべてゼロである．また，第 $n+2$ 行以下，第 2 列の右側の部分は行列 T の $n+2$ 行目以下の正方行列部分 $[*]$ と同じである．つまり，行列 A は下図のような構成になっている．

$$A = \begin{bmatrix} 1 & 0 & [**] \\ 0 & -1 & [**] \\ 0 & 0 & [**] \\ \vdots & \vdots & \vdots \\ 0 & 0 & [**] \\ 0 & 0 & \\ \vdots & \vdots & [*] \\ 0 & 0 & \end{bmatrix} \leftarrow n+1 \text{行目} \quad (4.35)$$

$[**]$ 部分は，$(n+1)n$ 次元横ベクトルであり，(4.28) 式から 1 と −1 がともに n 個でそのほかの要素はゼロである．長いので n 個 × $n+1$ に分けて示すと次のようになる．

> **[**] 部分の要素**
>
> - 1行目 (w_{00} の係数):
>
> $\underbrace{\begin{matrix} -1, \cdots, \cdots, -1, \\ 1, \ 0, \cdots, 0, \\ \vdots \ \vdots \ \ddots \ \vdots \\ 1, \ 0, \cdots, 0 \end{matrix}}_{n \text{ 個}} \Bigg\} n+1$
>
> - 2行目 (w_{nn} の係数):
>
> $\underbrace{\begin{matrix} 0, \ \cdots, \ 0, \ 1, \\ \vdots \ \ddots \ \vdots \ \vdots \\ 0, \ \cdots, \ 0, \ 1, \\ -1, \cdots, -1, -1 \end{matrix}}_{n \text{ 個}} \Bigg\} n+1$
>
> - 3行目 (w_{11} の係数):
>
> $\underbrace{\begin{matrix} 1, \ 0, \cdots, 0, \\ -1, -1, \cdots, -1, \\ 0, \ 1, \cdots, 0, \\ \vdots \ \vdots \ \ddots \ \vdots \\ 0, \ 1, \cdots, 0 \end{matrix}}_{n \text{ 個}} \Bigg\} n+1$
>
> - $n+1$ 行目 ($w_{n-1\,n-1}$ の係数):
>
> $\underbrace{\begin{matrix} 0, \ \cdots, \ 1, \ 0, \\ \vdots \ \ddots \ \vdots \ \vdots \\ 0, \ \cdots, \ 1, \ 0, \\ -1, \cdots, -1, -1, \\ 0, \ \cdots, \ 0, \ 1 \end{matrix}}_{n \text{ 個}} \Bigg\} n+1$

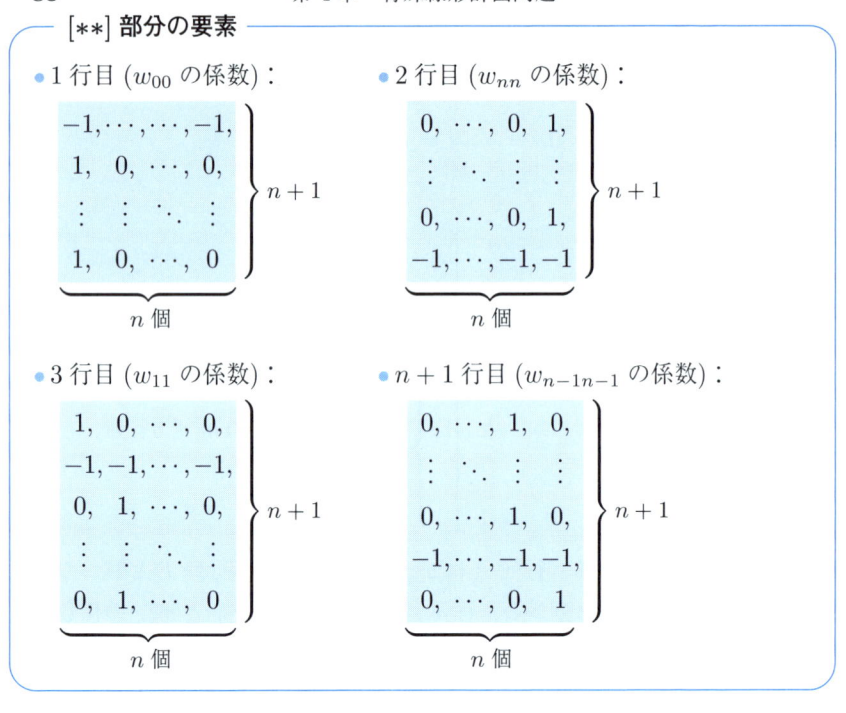

なお,各要素は下記の主問題の変数の係数である.

$x_{01}, \quad x_{02}, \quad \cdots, x_{0n},$

$x_{10}, \quad x_{12}, \quad \cdots, x_{1n},$

$\vdots \qquad \vdots \qquad \vdots \quad \vdots$

$x_{n-1\,0}, x_{n-1\,1}, \cdots, x_{n-1\,n},$

$x_{n0}, \quad x_{n1}, \quad \cdots, x_{n\,n-1}$

よって,双対問題の制約条件は次のようになる.

$$\begin{aligned} \text{条 件} \quad & w_{00} \leq 0, \quad -w_{nn} \leq -1 \\ & -w_{ii} + w_{jj} - w_{ij} \leq 0 \quad (i,j=0,\cdots,n, \quad i \neq j) \\ & -w_{ij} \leq 0 \quad (i,j=0,\cdots,n, \quad i \neq j) \end{aligned} \quad (4.36)$$

なお,主問題の制約式の意味を考えると,双対問題の計画変数のうち,w_{ii} ($i = 0, \cdots, n$) は節点に対応し,w_{ij} ($i \neq j$) は弧に対応していることに注意して欲

(4) 最大フロー最小カット定理

第3章で述べたように，双対問題の解は主問題の解のシンプレックス乗数であり，シンプレックス乗数 $\boldsymbol{\pi}$ は主問題の解の基底変数の係数列ベクトルから構成される正方行列 B と目的関数の係数 $\boldsymbol{c}_b$ により，

$$\boldsymbol{\pi} B = \boldsymbol{c}_b$$

という関係式で定義されている．

ところで，主問題の解において x_{00} と x_{nn} は常に基底変数であり，フローがある弧の x_{ij} も基底変数である．また，容量に余裕のある弧のスラック変数 s_{ij} も基底変数である．したがって，これら主問題の解の基底変数に対応するシンプレックス乗数は次の関係式を満たす．

$$\begin{aligned}
&\pi_{00} = 0 \\
&\pi_{nn} = 1 \\
&-\pi_{ii} + \pi_{jj} - \pi_{ij} = 0 \\
&\rightarrow \pi_{ij} = \pi_{jj} - \pi_{ii} \\
&\qquad (i \text{ から } j \text{ への弧に正のフローが存在する場合}) \\
&\pi_{ij} = 0 \quad (i \text{ から } j \text{ への弧の容量に余裕がある場合})
\end{aligned} \tag{4.37}$$

前述の通り，主問題の最適解に対するシンプレックス乗数は双対問題の最適解であるので，π_{ii} すなわち w_{ii} は節点に対応する計画変数，π_{ij} すなわち w_{ij} は弧に対応する変数である．このことから，(4.37) 式の意味を次のように考えることができる．

ネットワーク・フロー問題の最適解を構成するネットワークにおいて，容量が飽和していない弧の両端の節点に対応するシンプレックス乗数は等しい．また，始点に対応するシンプレックス乗数 π_{00} はゼロ，終点に対応するシンプレックス乗数 π_{nn} は 1 である．したがって，始点から終点までのネットワークの各経路において，始点から容量が飽和していない弧 (これに対応するシンプレックス乗数 $(\pi_{ij} = w_{ij})$ はゼロ) で繋がれている節点のシンプレックス乗数はゼロであり，終点に至るまでのどこか 1 つの弧だけが飽和しており，そこから先の終点側の節点のシンプレックス乗数は 1 になる．つまり，飽和している弧に対応

[ ] 内の数値：節点のシンプレックス乗数
→：飽和していない弧($\pi_{ij}=w_{ij}=0$)
--→：飽和している弧($\pi_{ij}=w_{ij}=1$)

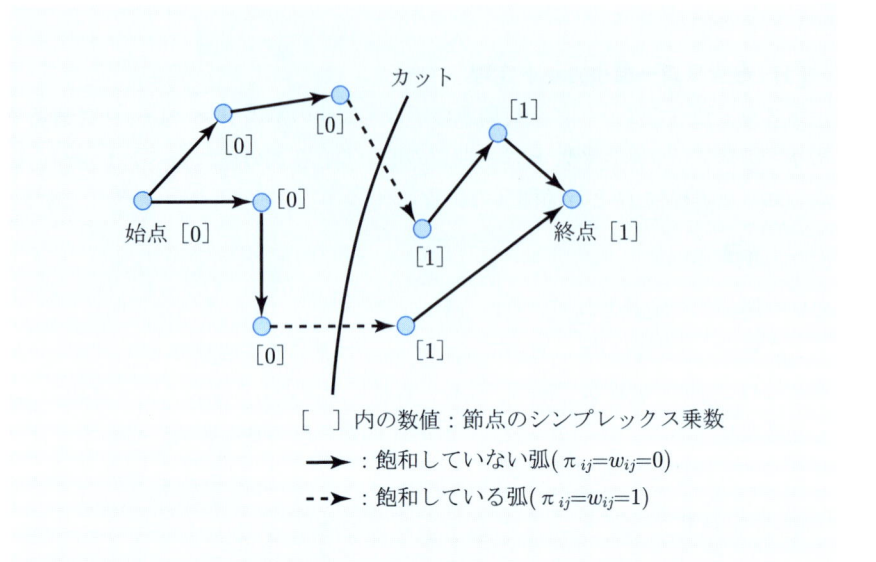

図 4.9 始点から終点に至る経路と各節点のシンプレックス乗数

するシンプレックス乗数 ($\pi_{ij} = w_{ij}$) だけが 1 であり，すべての節点は飽和しているカットとなる弧を境目にして対応するシンプレックス乗数がゼロか 1 かに分類される (図 4.9 参照)．この節点の分類は，ネットワークの**カット**に対応しており，**カットの値**は飽和している弧の容量の和である (これは最適解だけでなく可能基底解についても成立する)．

ところで，双対問題の解は，

$$\text{最大化} \quad y = \boldsymbol{wb} = -\sum_{\substack{i,j=0,\cdots,n \\ i \neq j}} w_{ij} r_{ij}$$

となるものであるから，$y_{\max}$ の絶対値は飽和している弧の容量の総和の中で最小のもの，つまり最小カットを意味し，これが主問題の解である $z_{\min}$ の絶対値，すなわち最大フローになる．

ラベリング法による解法の例示に用いた問題を用いてカットとカットの値を求めておこう (図 4.6 参照)．このネットワーク・フロー問題におけるカットとカットの値は表 4.1 のようになる．

なお，ここでは図 4.6 では弧で結ばれていない節点の間にも容量ゼロの弧が

4.2 ネットワーク・フロー問題

表 4.1 例題におけるカットとカットの値

	カット (節点の分割で示す)	カットの値
①	s|a, b, c, d, t	15
②	s, a|b, c, d, t	19
③	s, b|c, d, a, t	15
④	s, c|d, a, b, t	27
⑤	s, d|a, b, c, t	24
⑥	s, a, b|c, d, t	13
⑦	s, a, c|b, d, t	18
⑧	s, a, d|b, c, t	28
⑨	s, b, c|a, d, t	27
⑩	s, b, d|a, c, t	21
⑪	s, c, d|a, b, t	30
⑫	s, a, b, c|d, t	14
⑬	s, b, c, d|a, t	27
⑭	s, c, d, a|b, t	24
⑮	s, d, a, b|c, t	19
⑯	s, a, b, c, d|t	14

あると想定して計算している．例えばカット ④ (s, c|d, a, b, t) では，節点 s と c を結ぶ容量のある弧はないが，このカットの値は節点 c が終点 t 側のグループに含まれるカット (この例の場合はカット ① (s|a, b, c, d, t)) の値よりも必ず大きくなるので最小カットにはなりえない．

表 4.1 に示されているように，この例題における最小カットはカット ⑥ (s, a, b|c, d, t) の値 13 であり，これは図 4.7 に示すラベリング法で求めた最大流量の解に対応するカットと一致している．

4章の問題

☐ **1** 工場 i $(i=1,2,3)$ の生産量をそれぞれ $5, 5, 5$ とし，店 j $(j=1,2,3,4)$ の消費量をそれぞれ $1, 6, 2, 6$ としたときの輸送問題を考える．なお，輸送単価は次のように設定する．

輸送コスト c_{ij}

c_{ij}	j=1	2	3	4
$i=1$	5	4	3	2
2	10	8	4	7
3	9	9	8	4

(1) 北西隅ルールにより可能基底解を求めよ．
(2) 前問で見出した可能基底解に対応するシンプレックス乗数

$u_i \quad (i=1,2,3)$

$v_j \quad (j=1,2,3,4)$

を $u_1 = 0$ として求めよ．ただし，u_i は工場 i の生産量に関する制約式，v_j は店 j での消費量に関する制約式にそれぞれ対応するシンプレックス乗数である．

☐ **2** 工場 i $(i=1,2,3)$ の生産量をそれぞれ $7, 5, 8$ とし，店 j $(j=1,2,3,4)$ の需要量をそれぞれ $3, 6, 7, 4$ としたときの輸送問題を考える．なお，輸送単価は次のように設定する．

輸送コスト c_{ij}

c_{ij}	$j=1$	2	3	4
$i=1$	3	4	2	0
2	4	3	2	2
3	0	4	2	1

次に示す初期可能基底解から出発して，最適解を求めよ．

	3	6	7	4
7	3	4	0	0
5	0	2	3	0
8	0	0	4	4

4.2 ネットワーク・フロー問題

3 下記のネットワークフロー問題 (図 4.10) を指示に従って解け.
(1) ラベリング法で解け.
(2) 全てのカットとカットの値を求め,最大フロー最小カット定理を用いて解け.
(3) 本問題について,4.2 節 (3) で説明した双対問題を具体的に定式化せよ.

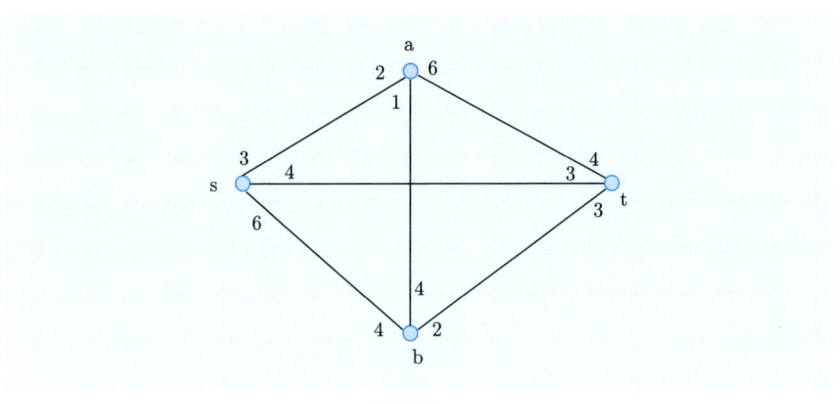

図 4.10

5 非線形計画問題

　非線形計画の場合には，線形計画のように一般性のある理論的取り扱いができる範囲はごく限られたものになり，解を求める手順は問題の種類ごとに工夫が必要になる．ただし，目的関数と制約領域が凸性を持つ場合には，最適解の必要十分条件としてクーン・タッカー定理が成立する．クーン・タッカー定理は線形計画法における双対性を拡張したものであり，最適解の特性についての理解が深まる．非線形計画問題の解法では，種々に工夫された反復法によって数値的探索が行われるが，最大傾斜法などの基本的アプローチについて概説する．そのほか，線形計画問題の新解法として注目されている主双対内点法や整数計画問題で威力を発揮する分枝限定法についても説明する．

> **5章で学ぶ概念・キーワード**
> - ラグランジュ未定乗数
> - クーン・タッカー定理
> - 反復法
> - 分枝限定法

5.1 非線形計画問題と非凸計画問題

(1) 非線形計画問題の一般形と凸性

本章で取り扱う非線形計画問題の一般形は次のようなものである.

$$
\begin{aligned}
&\text{条　件} \quad g_i(\boldsymbol{x}) \leq 0 \quad (i=1,\cdots,m) \\
&\phantom{\text{条　件}} \quad \boldsymbol{x} \geq \boldsymbol{0} \\
&\text{最小化} \quad z = f(\boldsymbol{x})
\end{aligned}
\tag{5.1}
$$

ただし, $\boldsymbol{x}:n$ 次元列ベクトルとする.

目的関数 $f(\boldsymbol{x})$ と制約条件式 $g_i(\boldsymbol{x})$ の一部あるいはすべてが非線形関数である場合が非線形計画問題である. なお数式上は線形であっても, 計画変数が整数であるなどの制約が付加されると凸性を失い, 線形計画法の一般解法が適用できなくなるのでこれも本章で扱う.

非線形計画の場合には, 線形計画のように一般性のある理論的取り扱いができる範囲はごく限られたものになり, 解を求める手順は問題の種類ごとに工夫が必要になる. ただし, 目的関数と制約領域が凸性を持つ場合には, 最適解の必要十分条件であるクーン・タッカー定理 (後述) が導かれ, また, **線形近似**によって線形計画問題に帰着できるなど取り扱いが容易になる. なお, 凸性については第2章で述べたが, 最小化問題の場合には目的関数 $f(\boldsymbol{x})$ が下に凸であり, 制約条件を満たす2点 $\boldsymbol{x}_1, \boldsymbol{x}_2$ の内点 $\boldsymbol{x} = \alpha\boldsymbol{x}_1 + (1-\alpha)\boldsymbol{x}_2 \ (0 \leq \alpha \leq 1)$ も制約条件

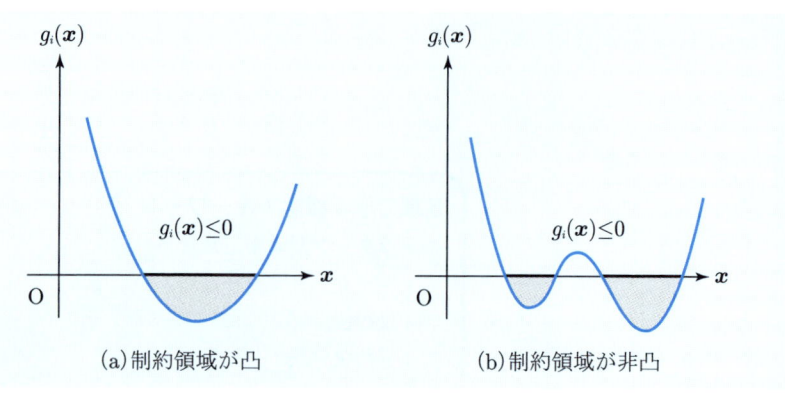

(a) 制約領域が凸　　　(b) 制約領域が非凸

図 5.1　$g_i(\boldsymbol{x})$ の関数形と制約領域の凸性

を満たすことである．制約条件が (5.1) 式のように，$g_i(\boldsymbol{x}) \leq 0$ $(i=1,\cdots,m)$ と表現されている場合には，$g_i(\boldsymbol{x})$ が下に凸であることが凸性の条件である (図 5.1 参照).

一方，目的関数と制約領域のどちらかあるいは双方が凸性を持たない場合 (変数の一部が整数に限定される場合も含む) は非凸計画問題になり，解法は一層難しくなる．

(2) 折線による線形近似

目的関数 $f(\boldsymbol{x})$ が非線形で下に凸の場合，図 5.2 に示すように計画変数の制約領域をいくつかの区間に分割し，$f(\boldsymbol{x})$ を折線で近似することで線形計画問題に帰着させることができる．図示した例 (ここでは計画変数はスカラーとし，その制約領域 $a_0 \leq x \leq a_3$ を 3 分割し，目的関数を傾き s_1, s_2, s_3 の折線で近似する) では，新しい計画変数 x_1, x_2, x_3 を導入して非線形計画問題を次のように線形計画問題として記述できる．

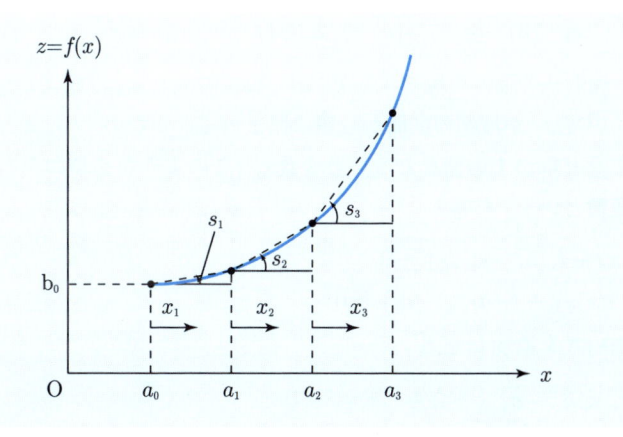

$$\begin{aligned}
&\text{最小化} \quad z = f(x) = b_0 + s_1 x_1 + s_2 x_2 + s_3 x_3 \\
&\text{条 件} \quad s_1 \leq s_2 \leq s_3 \quad (f(x) \text{の凸性による}) \\
&\qquad\qquad x = x_1 + x_2 + x_3 + a_0 \\
&\qquad\qquad 0 \leq x_1 \leq a_1 - a_0, \quad 0 \leq x_2 \leq a_2 - a_1 \\
&\qquad\qquad 0 \leq x_3 \leq a_3 - a_2
\end{aligned} \tag{5.2}$$

図 5.2　目的関数の折線近似 (凸の場合)

このとき，$s_1 \leq s_2 \leq s_3$ より，最適解においては $x_1 < a_1 - a_0$ なのに $x_2 > 0$ となるようなことはない．つまり，x_i は最初の区間から順に埋まっていき，結果として x は連続になる．

また，制約領域が凸性を持つ場合には，図 5.3 に示すように，制約領域を線形式の片側領域の重なり合いとして近似することができるので，線形制約条件として記述することができる．このように，目的関数と制約条件が凸性を持つ場合には，非線形計画問題を線形計画問題に近似して解くことができる．

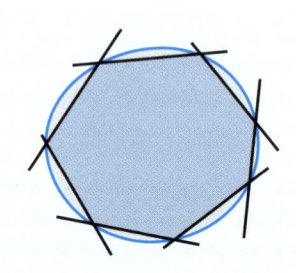

図 5.3 制約領域が凸性を持つ場合の線形近似

一方，目的関数が非凸の場合にも，図 5.4 に示すように折線で近似して，

$$z = f(x) = b_0 + s_1 x_1 + s_2 x_2 + s_3 x_3 + s_4 x_4$$
$$x = a_0 + x_1 + x_2 + x_3 + x_4 \tag{5.3}$$
$$0 \leq x_i \leq a_i - a_{i-1} \quad (i=1,2,3,4)$$

と問題を線形式で近似表現できるが，$s_1 \leq s_2 \leq s_3 \leq s_4$ が成立しないので，最適解において x_i が最初の区間から順に埋まっていかない．

そこで，ゼロか 1 の値をとる整数変数 t_i (このような 2 値のみの変数を**バイナリー変数**という) を導入し，

$$\begin{aligned} x_i - t_i(a_i - a_{i-1}) &\geq 0 \\ -x_{i+1} + t_i(a_{i+1} - a_i) &\geq 0 \end{aligned} \tag{5.4}$$

という制約式を追加して，

$$\begin{aligned} x_i < a_i - a_{i-1} &\quad \text{なら} \quad x_{i+1} = 0 \\ x_i = a_i - a_{i-1} &\quad \text{なら} \quad x_{i+1} \geq 0 \end{aligned}$$

5.1 非線形計画問題と非凸計画問題

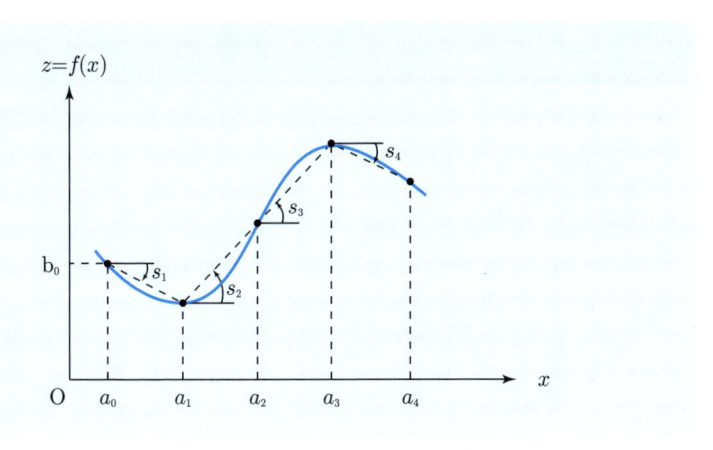

図 5.4 目的関数の折線近似 (非凸の場合)

という x_i が最初の区間から順に埋まっていく条件を表現する．つまり，(5.4) 式において，$t_i = 1$ なら，

$$x_i \geq a_i - a_{i-1}$$
$$x_{i+1} \leq a_{i+1} - a_i$$

となり，(5.3) 式より $x_i \leq a_i - a_{i-1}$ であるので，

$$x_i = a_i - a_{i-1}$$

となり，x_i の区間が埋まっていることを示す．また，$t_i = 0$ の場合には，

$$x_i \geq 0, \quad x_{i+1} \leq 0$$

となるが，x_{i+1} は非負であるので，$x_{i+1} = 0$ となり，x_i の区間が埋まっていないことを示す．よって，$t_i \geq t_{i+1}$ という制約を追加すれば，x_i が最初の区間から順に埋まっていく．

このように，制約式を追加することで問題を線形式で表現できるが，t_i という整数のバイナリー変数を導入することになり，非凸計画問題になってしまう．

5.2 ラグランジュ未定乗数法

$\boldsymbol{x}: n$ 次元列ベクトルについて,次の等号制約条件つき最小化問題を考える.

最小化 $z = f(\boldsymbol{x})$

条 件 $g_j(\boldsymbol{x}) = 0 \quad (j = 1, \cdots, m)$

この問題の解の必要条件は,$\boldsymbol{\lambda} = [\lambda_1, \cdots, \lambda_m]$ を導入して

$$\phi(\boldsymbol{x}, \boldsymbol{\lambda}) = f(\boldsymbol{x}) + \sum_{j=1}^{m} \lambda_j g_j(\boldsymbol{x}) \tag{5.5}$$

として,

$$\frac{\partial \phi}{\partial x_i} = 0 \quad (i = 1, \cdots, n) \tag{5.6}$$

$$\frac{\partial \phi}{\partial \lambda_j} = 0 \quad (j = 1, \cdots, m) \tag{5.7}$$

が成立することである.ここで導入した λ_j を**ラグランジュ未定乗数**と呼ぶ.

(5.5)〜(5.7) 式が解の必要条件になることを証明しておく.$\boldsymbol{x}$ は n 次元であるが,m 本の制約条件式 (独立とする) があるので,値を任意に設定できる独立変数の数は $n - m$ 個である.ここで,独立変数を $x_{m+1}, \cdots, x_n$ とする.解は等号制約条件を満たし,目的関数を極値にするから,その近傍での微分 (そのうち独立なものは $n - m$ 個) について下式が成立する[1].

$$\sum_{i=1}^{m} \frac{\partial g_j}{\partial x_i} dx_i + \sum_{i=m+1}^{n} \frac{\partial g_j}{\partial x_i} dx_i = 0 \quad (j = 1, \cdots, m) \tag{5.8}$$

$$\sum_{i=1}^{m} \frac{\partial f}{\partial x_i} dx_i + \sum_{i=m+1}^{n} \frac{\partial f}{\partial x_i} dx_i = 0 \tag{5.9}$$

ここで,(5.8) 式の m 本の各式に λ_j を乗じて (5.9) 式に加えると次の式を得る.

$$\sum_{i=1}^{m} \left(\frac{\partial f}{\partial x_i} + \sum_{j=1}^{m} \lambda_j \frac{\partial g_j}{\partial x_i} \right) dx_i + \sum_{i=m+1}^{n} \left(\frac{\partial f}{\partial x_i} + \sum_{j=1}^{m} \lambda_j \frac{\partial g_j}{\partial x_i} \right) dx_i = 0 \tag{5.10}$$

---

[1] (5.8) 式は $g_j(\boldsymbol{x}) = 0$ より $g_j(\boldsymbol{x})$ の全微分 (dg_j) がゼロとなることから導かれる.

5.2 ラグランジュ未定乗数法

いま，λ_j を下式を満たすように決めれば，(5.10) 式の第 1 項はゼロとなる．

$$\frac{\partial f}{\partial x_i} + \sum_{j=1}^{m} \lambda_j \frac{\partial g_j}{\partial x_i} = 0 \quad (i = 1, \cdots, m) \tag{5.11}$$

ところで，$x_{m+1}, \cdots, x_n$ は任意の独立変数であるから，(5.10) 式の第 2 項が恒等的にゼロであるためには下式が成立しなければならない．

$$\frac{\partial f}{\partial x_i} + \sum_{j=1}^{m} \lambda_j \frac{\partial g_j}{\partial x_i} = 0 \quad (i = m+1, \cdots, n) \tag{5.12}$$

(5.11) 式と (5.12) 式は (5.6) 式を意味している．また，(5.7) 式は制約条件そのものである．よって，解は (5.6) 式と (5.7) 式を満たす必要がある．

なお，(5.6) 式と (5.7) 式は，関数 $\phi(\boldsymbol{x}, \boldsymbol{\lambda})$ を $\boldsymbol{x}$ と $\boldsymbol{\lambda}$ それぞれについて極値にする条件である．(5.6) 式によって ϕ を極値にする $\boldsymbol{x}$ を $\boldsymbol{\lambda}$ の関数として求め，(5.7) 式によってその中で制約条件を満たすように $\boldsymbol{\lambda}$ を決めると考えてもよい．また，ラグランジュ未定乗数 $\boldsymbol{\lambda}$ の定義は，3.4 節で導入した線形計画法におけるシンプレックス乗数と類似している．

例題 5.1

条　件　$x_1 + x_2 + x_3 = 3, \quad x_1 + 2x_2 = r$

最小化　$z = x_1^2 + x_2^2 + x_3^2$

をラグランジュ未定乗数法で解け．

【解答】 $\phi(x_1, x_2, x_3, \lambda_1, \lambda_2) = x_1^2 + x_2^2 + x_3^2$
$$+ \lambda_1(x_1 + x_2 + x_3 - 3) + \lambda_2(x_1 + 2x_2 - r)$$

として，ϕ を極値にする $\boldsymbol{x}^*$ は，$\boldsymbol{\lambda}$ の関数として，

$$\frac{\partial \phi}{\partial x_1} = 2x_1 + \lambda_1 + \lambda_2 = 0 \;\rightarrow\; x_1^* = -\frac{\lambda_1 + \lambda_2}{2}$$

$$\frac{\partial \phi}{\partial x_2} = 2x_2 + \lambda_1 + 2\lambda_2 = 0 \;\rightarrow\; x_2^* = -\frac{\lambda_1 + 2\lambda_2}{2}$$

$$\frac{\partial \phi}{\partial x_3} = 2x_3 + \lambda_1 = 0 \;\rightarrow\; x_3^* = -\frac{\lambda_1}{2}$$

となる．これらが制約条件を満たすことより，

$$x_1^* + x_2^* + x_3^* = 3 \ \rightarrow \ \lambda_1 + \lambda_2 = -2 \tag{5.13}$$

$$x_1^* + 2x_2^* = r \ \rightarrow \ 3\lambda_1 + 5\lambda_2 = -2r \tag{5.14}$$

が成立する．これより，

$$\lambda_1^* = r - 5, \quad \lambda_2^* = 3 - r$$

となる．また，このとき，

$$x_1^* = 1, \quad x_2^* = \frac{r-1}{2}, \quad x_3^* = \frac{5-r}{2}$$

であるから，

$$\begin{aligned} z_{\min} &= 1 + \left(\frac{r-1}{2}\right)^2 + \left(\frac{5-r}{2}\right)^2 \\ &= \frac{(r-3)^2}{2} + 3 \end{aligned} \tag{5.15}$$

となる．

ところで，(5.15) 式より，

$$\frac{dz_{\min}}{dr} = r - 3 = -\lambda_2 \tag{5.16}$$

である．(5.16) 式はシンプレックス乗数が**シャドープライス**と呼ばれる理由を記した，3.4 節の $\pi_i = \dfrac{\partial z_0}{\partial b_i}$ ((3.25) 式の下の行参照) に対応するもので，λ_2 は 2 番目の制約式が最適解の評価関数値に与える感度を示していることがわかる．つまり，ラグランジュ未定乗数は，シンプレックス乗数と同様に，それに対応する制約式が最適値に与える感度を表現している．なお，1 番目の制約式についても $x_1 + x_2 + x_3 = q$ とすれば，$\dfrac{dz_{\min}}{dq} = -\lambda_1$ となることが確認できる (読者は試みてほしい)．■

5.3 クーン・タッカー定理

(5.1) 式で表現される一般的な非線形計画問題において，目的関数と制約条件が凸性を持つ場合には，**クーン・タッカー定理**が成立する．

クーン・タッカー定理

条　件　$g_i(\boldsymbol{x}) \leq 0 \quad (i = 1, \cdots, m)$

最小化　$z = f(\boldsymbol{x})$

$\boldsymbol{x} \geq \boldsymbol{0} \quad (\boldsymbol{x}\text{は}n\text{次元列ベクトル})$

において，$g_i(\boldsymbol{x})$ と $f(\boldsymbol{x})$ が下に凸であれば，$\boldsymbol{x}^*$ が解であるための必要十分条件は，$\phi(\boldsymbol{x}, \boldsymbol{\lambda}) = f(\boldsymbol{x}) + \sum_{j=1}^{m} \lambda_j g_j(\boldsymbol{x})$ として，次の4条件を満たす非負の m 次元行ベクトル $\boldsymbol{\lambda}^*$ が存在することである．

- $\left(\dfrac{\partial \phi}{\partial x_i}\right)^* \geq 0$, つまり

$$\left(\frac{\partial f}{\partial x_i}\right)^* + \sum_{j=1}^{m} \lambda_j^* \left(\frac{\partial g_j}{\partial x_i}\right)^* \geq 0 \quad (i = 1, \cdots, n) \tag{5.17}$$

- $\sum_{i=1}^{n} \left(\dfrac{\partial \phi}{\partial x_i}\right)^* x_i^* = 0$, つまり

$$\sum_{i=1}^{n} \left\{ \left(\frac{\partial f}{\partial x_i}\right)^* + \sum_{j=1}^{m} \lambda_j^* \left(\frac{\partial g_j}{\partial x_i}\right)^* \right\} x_i^* = 0 \tag{5.18}$$

- $\left(\dfrac{\partial \phi}{\partial \lambda_j}\right)^* \leq 0$, つまり

$$g_j(\boldsymbol{x}^*) \leq 0 \quad (j = 1, \cdots, m)：制約条件そのもの \tag{5.19}$$

- $\sum_{j=1}^{m} \left(\dfrac{\partial \phi}{\partial \lambda_j}\right)^* \lambda_j^* = 0$, つまり

$$\sum_{j=1}^{m} \lambda_j^* g_j(\boldsymbol{x}^*) = 0 \tag{5.20}$$

なお，これら (5.17)〜(5.20) 式を**クーン・タッカー条件**という．また，ここ

で導入した $\boldsymbol{\lambda}$ はラグランジュ未定乗数に相当する.

(5.17)〜(5.20) 式が十分条件であることは次のように証明できる.

今,$\boldsymbol{x}^*, \boldsymbol{\lambda}^*$ (ともに非負) がクーン・タッカー条件 (5.17)〜(5.20) 式を満たすとする. まず,制約条件を満たす任意の $\boldsymbol{x}$ について,$\lambda_j^* \geq 0$, $g_j(\boldsymbol{x}) \leq 0$ より

$$f(\boldsymbol{x}) \geq f(\boldsymbol{x}) + \sum_{j=1}^{m} \lambda_j^* g_j(\boldsymbol{x})$$

となる. また,関数 f, g_j は下に凸だから,$\boldsymbol{x}^*$ での接平面の上方にあり,

$$\begin{aligned}
&\geq f(\boldsymbol{x}^*) + \sum_{i=1}^{n} \left(\frac{\partial f}{\partial x_i}\right)^* (x_i - x_i^*) \\
&\quad + \sum_{j=1}^{m} \lambda_j^* g_j(\boldsymbol{x}^*) + \sum_{j=1}^{m} \lambda_j^* \sum_{i=1}^{n} \left(\frac{\partial g_j}{\partial x_i}\right)^* (x_i - x_i^*) \quad (5.21)\\
&= f(\boldsymbol{x}^*) + \sum_{i=1}^{n} \left\{ \left(\frac{\partial f}{\partial x_i}\right)^* + \sum_{j=1}^{m} \lambda_j^* \left(\frac{\partial g_j}{\partial x_i}\right)^* \right\} x_i \\
&\quad - \sum_{i=1}^{n} \left\{ \left(\frac{\partial f}{\partial x_i}\right)^* + \sum_{j=1}^{m} \lambda_j^* \left(\frac{\partial g_j}{\partial x_i}\right)^* \right\} x_i^* \quad (5.22)\\
&\geq f(\boldsymbol{x}^*)
\end{aligned}$$

となる. なお,(5.21) 式から (5.22) 式への変形において (5.20) 式を用いた. また (5.22) 式において,(5.17) 式より第 2 項の { } 内は非負で $x_i \geq 0$ だからこの項は非負,(5.18) 式より第 3 項はゼロである. よって,$f(\boldsymbol{x}) \geq f(\boldsymbol{x}^*)$. つまり,$\boldsymbol{x}^*$ が,$f(\boldsymbol{x})$ を最小とする解である.

必要条件であることの証明は,最適解が $f(\boldsymbol{x})$ の停留点あるいは境界上 ($\boldsymbol{x} = \boldsymbol{0}$ あるいは $g_j(\boldsymbol{x}) = 0$) にあることから導かれる. これについては,$\phi(\boldsymbol{x}, \boldsymbol{\lambda})$ の鞍点が最適点になるための必要条件として次に説明するので参照してほしい (厳密な証明については p.108 参考 参照).

クーン・タッカー定理は,関数 $\phi(\boldsymbol{x}, \boldsymbol{\lambda})$ の**鞍点** (saddle point) が最適解であることを示している. つまり,$\phi(\boldsymbol{x}^*, \boldsymbol{\lambda}) \leq \phi(\boldsymbol{x}^*, \boldsymbol{\lambda}^*) \leq \phi(\boldsymbol{x}, \boldsymbol{\lambda}^*)$ である (図 5.5 参照). 少し説明を加える. まず,関数 $\phi(\boldsymbol{x}, \boldsymbol{\lambda})$ の鞍点 (saddle point) においてクーン・タッカー条件が必要条件になることを説明する. $\boldsymbol{x}^* > \boldsymbol{0}$ (最適解のすべての要素が $\boldsymbol{x}$ の非負制約の境界でなく内部にある) 場合,$\boldsymbol{x}^*$ で ϕ が最

5.3 クーン・タッカー定理

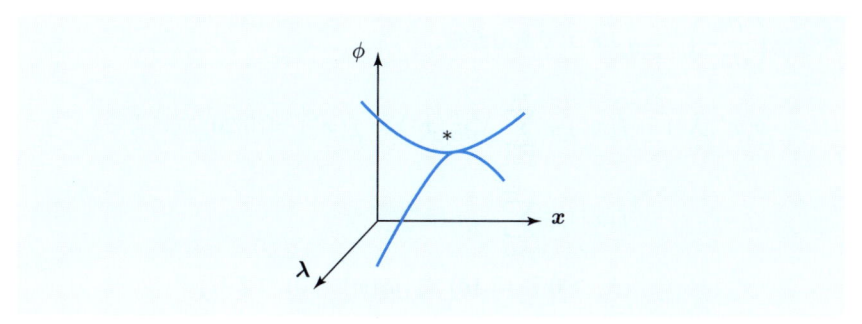

図 5.5 最適解は鞍点にある

小になるためには $\left(\dfrac{\partial \phi}{\partial x_i}\right)^* = 0 \ (i = 1, \cdots, n)$ が必要である．$\boldsymbol{x}^*$ の要素の一部がゼロになっている場合には，ゼロとなる要素 $x_i^* = 0$ では $\left(\dfrac{\partial \phi}{\partial x_i}\right)^* \geq 0$，それ以外の要素については $\left(\dfrac{\partial \phi}{\partial x_i}\right)^* = 0$ が成立しなければならない．よって，(5.17) 式と (5.18) 式が成立する．$\boldsymbol{\lambda}$ についても同様に，$\boldsymbol{\lambda}^* > \boldsymbol{0}$ の場合には，ϕ が $\boldsymbol{\lambda}^*$ で最大になるためには $\left(\dfrac{\partial \phi}{\partial \lambda_j}\right)^* = 0 \ (j = 1, \cdots, m)$ である必要がある．$\boldsymbol{\lambda}^*$ の要素の一部がゼロになっている場合には，ゼロとなる要素 $\lambda_j^* = 0$ では $\left(\dfrac{\partial \phi}{\partial \lambda_j}\right)^* \leq 0$，それ以外の要素については $\left(\dfrac{\partial \phi}{\partial \lambda_j}\right)^* = 0$ でなければならない．よって，(5.19) 式と (5.20) 式が成立する．

次にクーン・タッカー条件が鞍点であるための十分条件になることを説明しよう．これはすでにクーン・タッカー定理の説明でも述べたことと同様である．f, g_i が下に凸な関数であるので，ϕ も $\boldsymbol{x}$ について下に凸である．よって，

$$\phi(\boldsymbol{x}, \boldsymbol{\lambda}^*) \geq \phi(\boldsymbol{x}^*, \boldsymbol{\lambda}^*) + \sum_{i=1}^{n} \left(\dfrac{\partial \phi}{\partial x_i}\right)^* (x_i - x_i^*)$$

$$= \phi(\boldsymbol{x}^*, \boldsymbol{\lambda}^*) + \sum_{i=1}^{n} \left(\dfrac{\partial \phi}{\partial x_i}\right)^* x_i - \sum_{i=1}^{n} \left(\dfrac{\partial \phi}{\partial x_i}\right)^* x_i^*$$

$$= \phi(\boldsymbol{x}^*, \boldsymbol{\lambda}^*) + \sum_{i=1}^{n} \left(\dfrac{\partial \phi}{\partial x_i}\right)^* x_i \quad ((5.18) \text{ 式による})$$

$$\geq \phi(\boldsymbol{x}^*, \boldsymbol{\lambda}^*) \quad ((5.17) \text{ 式および } x_i \geq 0 \text{ による})$$

また，$\left(\dfrac{\partial \phi}{\partial \lambda_j}\right)^* = g_j(\boldsymbol{x}^*)$ であるから，

$$\phi(\boldsymbol{x}^*, \boldsymbol{\lambda}^*) = f(\boldsymbol{x}^*) + \sum_{j=1}^{m} \lambda_j^* g_j(\boldsymbol{x}^*) = f(\boldsymbol{x}^*) \quad ((5.20)\text{式による})$$

$$\geq f(\boldsymbol{x}^*) + \sum_{j=1}^{m} \lambda_j g_j(\boldsymbol{x}^*)$$

$$(\lambda_j \geq 0 \text{ と } (5.19) \text{式 } (g_j(\boldsymbol{x}) \leq 0) \text{ による})$$

$$= \phi(\boldsymbol{x}^*, \boldsymbol{\lambda})$$

よって，(5.17)〜(5.20)式を満たす $\boldsymbol{x}^*, \boldsymbol{\lambda}^*$ は ϕ の鞍点である．

例題 5.2

条　件　$x_1 + x_2 \geq 4$
　　　　$2x_1 + x_2 \geq 5$
　　　　$x_1, x_2 \geq 0$
最小化　$z = x_1^2 + x_2^2$

(5.23)

という問題を解け．

【解答】 $\phi(x, \lambda) = x_1^2 + x_2^2 + \lambda_1(4 - x_1 - x_2) + \lambda_2(5 - 2x_1 - x_2)$

であるので，制約条件式 (5.23) 以外のクーン・タッカー定理の条件は，

$$\left(\dfrac{\partial \phi}{\partial x_i}\right)^* \geq 0$$
$$\to\ 2x_1^* - \lambda_1^* - 2\lambda_2^* \geq 0, \quad 2x_2^* - \lambda_1^* - \lambda_2^* \geq 0 \tag{5.24}$$

$$\sum_{i=1}^{2} \left(\dfrac{\partial \phi}{\partial x_i}\right)^* x_i^* = 0$$
$$\to\ x_1^*(2x_1^* - \lambda_1^* - 2\lambda_2^*) + x_2^*(2x_2^* - \lambda_1^* - \lambda_2^*) = 0 \tag{5.25}$$

$$\sum_{j=1}^{2} \left(\dfrac{\partial \phi}{\partial \lambda_j}\right)^* \lambda_j^* = 0$$
$$\to\ \lambda_1^*(4 - x_1^* - x_2^*) + \lambda_2^*(5 - 2x_1^* - x_2^*) = 0 \tag{5.26}$$

となる．問題の制約条件 (5.23) と (5.24)〜(5.26) 式を満たす非負の $\boldsymbol{x}^*$ と $\boldsymbol{\lambda}^*$ が最適解である．$\boldsymbol{x}^*$ と $\boldsymbol{\lambda}^*$ の要素がゼロの場合と正数の場合についてすべての組合せ

5.3 クーン・タッカー定理

図 5.6 (a) $z_{\min}=8$ (b) $z_{\min}=8+\lambda_1^*\delta+O(\delta^2)\fallingdotseq 8+4\delta$

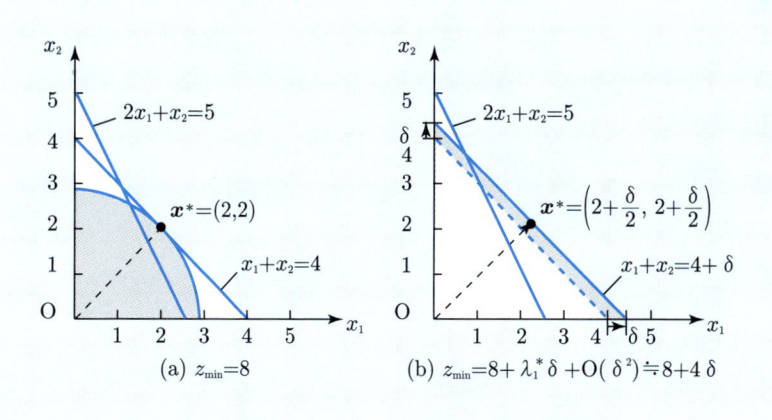

図 5.6 最適解の図解と制約式の感度

を吟味すると，$\lambda_1^* > 0,\ \lambda_2^* = 0,\ x_1^* > 0,\ x_2^* > 0$ の場合だけがこれらの条件をすべて満たせることがわかり (5 章の問題 2 参照)，$x_1^* = 2,\ x_2^* = 2,\ \lambda_1^* = 4,\ \lambda_2^* = 0$ となる．$(x_1^*, x_2^*) = (2, 2)$ で

$$z_{\min} = 8$$

である．

図 5.6 に示すように，最適解は制約条件 (5.23) の上段の制約式の境界上にあり，下段の制約式については境界ではなく内部にある．これは，対応するラグランジュ未定乗数が $\lambda_1^* = 4,\ \lambda_2^* = 0$ となっていることと整合している．また，上段の制約式の右辺を $4 + \delta$ と微小変化させると，$z_{\min}$ は $\lambda_1^*\delta$ 増大する．つまり，ラグランジュ未定乗数は最適解に対する制約式の感度を示していることが確認できる．なお，

$$\phi(\boldsymbol{x}^*, \boldsymbol{\lambda}) = 8 - \lambda_2$$
$$\leq 8 = \phi(\boldsymbol{x}^*, \boldsymbol{\lambda}^*)$$
$$\phi(\boldsymbol{x}, \boldsymbol{\lambda}^*) = x_1^2 + x_2^2 + 16 - 4x_1 - 4x_2$$
$$= (x_1 - 2)^2 + (x_2 - 2)^2 + 8$$
$$\geq 8 = \phi(\boldsymbol{x}^*, \boldsymbol{\lambda}^*)$$

であるので，$\phi(\boldsymbol{x}, \boldsymbol{\lambda})$ は $\boldsymbol{x}^*, \boldsymbol{\lambda}^*$ で鞍点になっていることも確認できる． ■

参考 クーン・タッカー条件が最適解の必要条件であることは，通常はファーカスの定理 (111 ページ参照) を適用して次のように証明される．なお，(5.19) 式は制約条件そのものであるので，(5.17),(5.18),(5.20) 式が必要条件となることを証明する．

(1) 最適解が制約領域の内部にある場合：

$$g_j(\boldsymbol{x}^*) < 0 \quad (j=1,\cdots,m), \quad \boldsymbol{x}^* > 0$$

停留点が存在するので，最適解において次式が存在する．

$$\left(\frac{\partial f}{\partial x_i}\right)^* = 0 \quad (i=1,\cdots,n)$$

また，ラグランジュ未定乗数に相当する $\boldsymbol{\lambda}$ は，最適解に対する制約式の感度を示すので，最適解が制約領域の内部に存在する場合は $\boldsymbol{\lambda}^* = \boldsymbol{0}$ となる．以上のことをクーン・タッカーの条件式に代入すると次のようになる．

$$\left(\frac{\partial f}{\partial x_i}\right)^* + \sum_{j=1}^{m}\lambda_j^*\left(\frac{\partial g_j}{\partial x_i}\right)^* = 0 + \sum_{j=1}^{m} 0 \times \left(\frac{\partial g_j}{\partial x_i}\right)^* = 0$$

((5.17) 式の成立)

$$\sum_{i=1}^{n}\left\{\left(\frac{\partial f}{\partial x_i}\right)^* + \sum_{j=1}^{m}\lambda_j^*\left(\frac{\partial g_j}{\partial x_i}\right)^*\right\}x_i^* = \sum_{i=1}^{n} 0 \times x_i^* = 0$$

((5.18) 式の成立)

$$\sum_{j=1}^{m}\lambda_j^* g_j(\boldsymbol{x}^*) = \sum_{j=1}^{m} 0 \times g_j(\boldsymbol{x}^*) = 0$$

((5.20) 式の成立)

(2) 最適解の一部が制約条件式の境界にある場合：

$$g_j(\boldsymbol{x}^*) = 0 \quad (j=1,\cdots,k), \quad g_j(\boldsymbol{x}^*) < 0 \quad (j=k+1,\cdots,m)$$

制約条件 $g_j(\boldsymbol{x})$ が下に凸であることから

$$g_j(\boldsymbol{x}) \geq g_j(\boldsymbol{x}^*) + \sum_{i=1}^{n}\left(\frac{\partial g_j}{\partial x_i}\right)^* dx_i = \sum_{i=1}^{n}\left(\frac{\partial g_j}{\partial x_i}\right)^* dx_i \quad (j=1,\cdots,k)$$

となるので $\boldsymbol{x}^* + d\boldsymbol{x}$ が制約領域内にあれば $g_j(\boldsymbol{x}) \leq 0$ が成立し，次式を得る．

$$\sum_{i=1}^{n}\left(\frac{\partial g_j}{\partial x_i}\right)^* dx_i \leq 0 \quad (j=1,\cdots,k)$$

5.3 クーン・タッカー定理

次に $f(\boldsymbol{x}^*)$ が最適値であるなら,制約領域内において次式が成立する.

$$\sum_{i=1}^{n}\left(\frac{\partial f}{\partial x_i}\right)^* dx_i \geq 0$$

ここで,ファーカスの定理を適用すれば,

$$\left(\frac{\partial f}{\partial x_i}\right)^* = \sum_{j=1}^{k} \lambda_j^* \left\{-\left(\frac{\partial g_j}{\partial x_i}\right)\right\}^*$$

$$\left(\frac{\partial f}{\partial x_i}\right)^* + \sum_{j=1}^{k} \lambda_j^* \left(\frac{\partial g_j(\boldsymbol{x})}{\partial x_i}\right) = 0 \quad (i=1,\cdots,n)$$

となる $\lambda_j^* \geq 0\ (j=1,\cdots,k)$ が存在する.また,$j=k+1,\cdots,m$ については最適解が制約領域の内部に存在するので,$\lambda_j^* = 0$ となる.以上のことから次式が成立する.

$$\left(\frac{\partial f}{\partial x_i}\right)^* + \sum_{j=1}^{m} \lambda_j^* \left(\frac{\partial g_j}{\partial x_i}\right)^*$$

$$= \left(\frac{\partial f}{\partial x_i}\right)^* + \sum_{j=1}^{k} \lambda_j^* \left(\frac{\partial g_j}{\partial x_i}\right)^* + \sum_{j=k+1}^{m} \lambda_j^* \left(\frac{\partial g_j}{\partial x_i}\right)^*$$

$$= 0 + \sum_{j=k+1}^{m} 0 \times \left(\frac{\partial g_j}{\partial x_i}\right)^* = 0 \quad ((5.17)\,\text{式の成立})$$

$$\sum_{i=1}^{n} \left\{\left(\frac{\partial f}{\partial x_i}\right)^* + \sum_{j=1}^{m} \lambda_j^* \left(\frac{\partial g_j}{\partial x_i}\right)^*\right\} x_i^* = \sum_{i=1}^{n} 0 \times x_i^* = 0$$

((5.18) 式の成立)

$$\sum_{j=1}^{m} \lambda_j^* g_j(\boldsymbol{x}^*) = \sum_{j=1}^{k} \lambda_j^* g_j(\boldsymbol{x}^*) + \sum_{j=k+1}^{m} \lambda_j^* g_j(\boldsymbol{x}^*)$$

$$= \sum_{j=1}^{k} \lambda_j^* \times 0 + \sum_{j=k+1}^{m} 0 \times g_j(\boldsymbol{x}^*) = 0$$

((5.20) 式の成立)

(3) 最適解の一部が $\boldsymbol{x}$ の非負条件の境界にある場合:

$$x_i^* = 0 \quad (i=1,\cdots,l), \quad x_i^* > 0 \quad (i=l+1,\cdots,n)$$

最適解が制約領域の境界線上に存在するが,制約式によるものではないので,

制約式の感度はゼロとなる．

$$\lambda_j^* = 0 \quad (j = 1, \cdots, m)$$

また，$f(\boldsymbol{x}^*)$ が $x_i = 0$ において最適値であるなら，次式が成立する．

$$\left(\frac{\partial f}{\partial x_i}\right)^* \geq 0 \quad (i = 1, \cdots, l)$$

ここで，$i = l+1, \cdots, n$ については停留点が存在するので，

$$\left(\frac{\partial f}{\partial x_i}\right)^* = 0 \quad (i = l+1, \cdots, n)$$

となる．以上のことをクーン・タッカーの条件式に代入すると次のようになる．

$$\left(\frac{\partial f}{\partial x_i}\right)^* + \sum_{j=1}^m \lambda_j^* \left(\frac{\partial g_j}{\partial x_i}\right)^*$$

$$= \left(\frac{\partial f}{\partial x_i}\right)^* + \sum_{j=1}^m 0 \times \left(\frac{\partial g_j}{\partial x_i}\right)^* = \left(\frac{\partial f}{\partial x_i}\right)^* \geq 0$$

((5.17) 式の成立)

$$\sum_{i=1}^n \left\{ \left(\frac{\partial f}{\partial x_i}\right)^* + \sum_{j=1}^m \lambda_j^* \left(\frac{\partial g_j}{\partial x_i}\right)^* \right\} x_i^*$$

$$= \sum_{i=1}^l \left\{ \left(\frac{\partial f}{\partial x_i}\right)^* + \sum_{j=1}^m \lambda_j^* \left(\frac{\partial g_j}{\partial x_i}\right)^* \right\} x_i^*$$

$$+ \sum_{i=l+1}^n \left\{ \left(\frac{\partial f}{\partial x_i}\right)^* + \sum_{j=1}^m \lambda_j^* \left(\frac{\partial g_j}{\partial x_i}\right)^* \right\}$$

$$= \sum_{i=1}^l \left\{ \left(\frac{\partial f}{\partial x_i}\right)^* + \sum_{j=1}^m 0 \times \left(\frac{\partial g_j}{\partial x_i}\right)^* \right\} \times 0$$

$$+ \sum_{i=l+1}^n \left\{ 0 + \sum_{j=1}^m 0 \times \left(\frac{\partial g_j}{\partial x_i}\right)^* \right\} x_i^* = 0 \quad ((5.18) \text{ 式の成立})$$

$$\sum_{j=1}^m \lambda_j^* g_j(\boldsymbol{x}^*) = \sum_{j=1}^m 0 \times g_j(\boldsymbol{x}^*) = 0 \quad ((5.20) \text{ 式の成立})$$

(4) 以上より (2) と (3) の組合せの場合もクーン・タッカー条件が成立することは明らかである． □

ファーカス (Farkas) の定理

n 次元空間の m 個のベクトル $\boldsymbol{a}_1, \boldsymbol{a}_2, \cdots, \boldsymbol{a}_m$ に対して

$$a_{j1}y_1 + a_{j2}y_2 + \cdots + a_{jn}y_n \geq 0 \quad (j=1,\cdots,m)$$

$$\boldsymbol{a}_j \cdot \boldsymbol{y} \geq 0 \quad (j=1,\cdots,m)$$

$$\boldsymbol{y} = \begin{bmatrix} y_1 \\ y_2 \\ \vdots \\ y_n \end{bmatrix}, \quad \boldsymbol{a}_j = \begin{bmatrix} a_{j1} \\ a_{j2} \\ \vdots \\ a_{jn} \end{bmatrix}$$

を満足する任意のベクトル $\boldsymbol{y}$ について，ベクトル $\boldsymbol{a}_0$ が次式を満足するなら，

$$a_{01}y_1 + a_{02}y_2 + \cdots + a_{0n}y_n \geq 0$$

$$\boldsymbol{a}_0 \cdot \boldsymbol{y} \geq 0$$

$$\boldsymbol{a}_0 = \begin{bmatrix} a_{01} \\ a_{02} \\ \vdots \\ a_{0n} \end{bmatrix}$$

定数 $t_1 \geq 0, t_2 \geq 0, \cdots, t_n \geq 0$ によって，

$$\boldsymbol{a}_0 = t_1 \boldsymbol{a}_1 + t_2 \boldsymbol{a}_2 + \cdots + t_m \boldsymbol{a}_m \geq \boldsymbol{0}$$

と書き表すことができる．なお，証明において次のような対応関係がある．

$$\boldsymbol{t} \to \boldsymbol{\lambda}$$
$$a_{0i} \to \left(\frac{\partial f}{\partial x_i}\right)^*$$
$$a_{ji} \to -\left(\frac{\partial g_j}{\partial x_i}\right)^*$$
$$y_i \to dx_i$$

5.4 反復法

一般に非線形計画問題は解析的に解くことが難しいので，数値的な探索によって解を求めることが多い．数値的な探索とは，シンプレックス法のように有限回の手順で真の解を直接求める手法ではなく，適当な初期点から出発して反復計算によって目的関数を徐々に改善して解を探索する数値計算法である．**反復法**では問題のタイプによって様々な工夫が行われるが，ここでは基本となる最大傾斜法とニュートン・ラフソン法を応用する手法について概略を説明する．また，3.6 節で述べたように，本節で線形計画問題の内点法による解法の一種である主双対内点法についても紹介する．

(1) 最大傾斜法

制約条件を満たす任意の点 $x^{(0)}$ から出発して目的関数 $f(x)$ を最小にする点を数値的に探索する場合，$x^{(0)}$ の近傍において $f(x)$ の値が最も急速に小さく

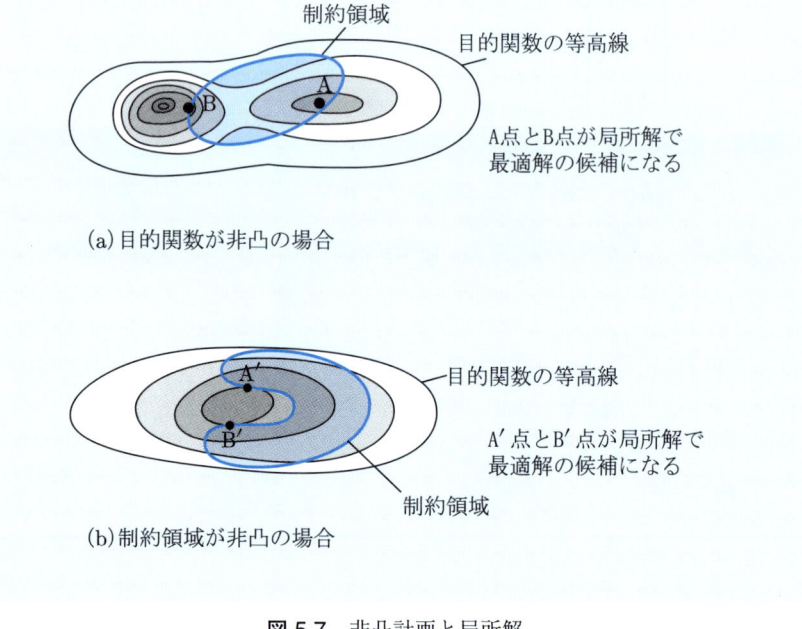

(a) 目的関数が非凸の場合

A 点と B 点が局所解で最適解の候補になる

(b) 制約領域が非凸の場合

A′ 点と B′ 点が局所解で最適解の候補になる

図 5.7 非凸計画と局所解

なる方向へ移動することが合理的である．このような数値探索を最大傾斜法という．目的関数 $f(\boldsymbol{x})$ の値が等しい点を結べば等高線が描けるが，等高線に直交する方向が最大傾斜になる．数式で示せば，

$$\boldsymbol{k} = \nabla f(\boldsymbol{x}) = \left[\frac{\partial f}{\partial x_1}, \cdots, \frac{\partial f}{\partial x_n}\right] \tag{5.27}$$

で表示される**傾斜ベクトル** (グラディエント) が最大傾斜の方向を表す (厳密には $\boldsymbol{k}$ は増大方向であるので最大傾斜で減少する方向は $-\boldsymbol{k}$ である)．

最大傾斜で目的関数の値が減少する方向へ $\boldsymbol{x}^{(1)}, \boldsymbol{x}^{(2)}, \cdots$ と逐次探索を進めて行き，どの方向へ向かっても目的関数の値が増大するしかない点が見つかれば，その場所が少なくとも局所的には最小点 (**局所解**) である．ただし，非凸の非線形計画問題では局所的な最小点が1つとは限らないので制約領域全体の中での最小値であるという保証はない (図 5.7 参照)．また，探索の過程で制約領域の境界にぶつかって移動する方向が制約されるという場合もある．このときは，制約領域の中で目的関数が減少する方向を数値的に探して探索を続けることになる．

このような最大傾斜法による数値探索には，ラグランジュ傾斜法，投影傾斜法など種々の工夫が考案されている．

(2) ニュートン・ラフソン法の応用

最適性の条件：
$$\frac{\partial f}{\partial x_i} = 0 \quad (i = 1, \cdots, n)$$

をニュートン・ラフソン法によって数値的に解くことによって，反復法による数値探索を効率化する手法がある．制約条件の取り扱いについては最大傾斜法と同様に種々の計算法が考案されているが，ここでは，制約条件のない場合についてのみ考える．

■ **ニュートン・ラフソン法** ■

ニュートン・ラフソン法は一般的な方程式 $f(x) = 0$ の数値解法である．なお，ここでは，$f(x)$ は目的関数ではなく一般の関数である．逐次計算における k 番目の数値解を $x^{(k)}$ とする．

$$x_{\text{true}} = x^{(k)} + \varepsilon$$

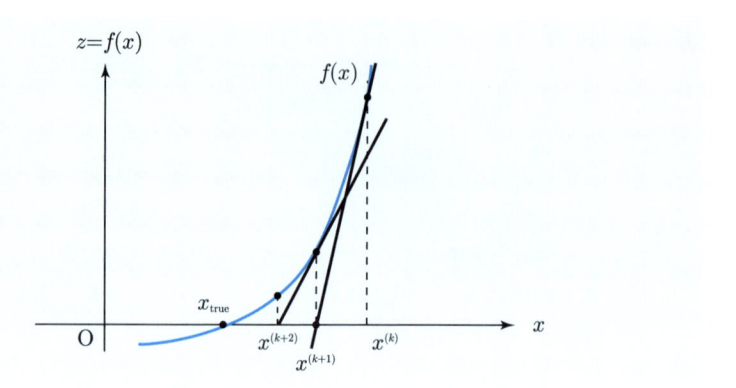

図 5.8　ニュートン・ラフソン法による逐次近似解

と置き (ここで, ε は誤差であり小さいとする), $x^{(k)}$ の近傍でテイラー展開すると, $f(x^{(k)} + \varepsilon) = 0$ より,

$$f(x^{(k)}) + \varepsilon \frac{df(x^{(k)})}{dx} + \frac{\varepsilon^2}{2} \frac{d^2 f(x^{(k)})}{dx^2} + \cdots = 0$$

となる. ε の 1 次項までで近似して,

$$f(x^{(k)}) + \varepsilon \frac{df(x^{(k)})}{dx} = 0$$

より,

$$\varepsilon = -\frac{f(x^{(k)})}{\dfrac{df(x^{(k)})}{dx}}$$

となるので, 数値解の改善を行い,

$$x^{(k+1)} = x^{(k)} - \frac{f(x^{(k)})}{\dfrac{df(x^{(k)})}{dx}}$$

とする. つまり, 図 5.8 のように数値解を逐次改善する.

変数 $\boldsymbol{x}$ と関数 $\boldsymbol{f}(\boldsymbol{x})$ がともに n 次元ベクトルの場合には, $\boldsymbol{f}(\boldsymbol{x}) = [f_1(\boldsymbol{x}), \cdots, f_n(\boldsymbol{x})]^{\mathrm{T}}$, $\boldsymbol{x}^{(k)} = \left[x_1^{(k)}, \cdots, x_n^{(k)}\right]^{\mathrm{T}}$, $\boldsymbol{x}_{\mathrm{true}} = \boldsymbol{x}^{(k)} + \boldsymbol{\varepsilon}$ ここで, $\boldsymbol{\varepsilon} = [\varepsilon_1, \cdots, \varepsilon_n]^{\mathrm{T}}$ とすれば, テイラー展開は,

$$f_i(x_1^{(k)}, \cdots, x_n^{(k)}) + \varepsilon_1 \frac{\partial f_i}{\partial x_1} + \varepsilon_2 \frac{\partial f_i}{\partial x_2} + \cdots + \varepsilon_n \frac{\partial f_i}{\partial x_n} + O(\varepsilon^2) = 0$$
$$(i = 1, \cdots, n)$$

5.4 反 復 法

となる. なお, ここで $O(\varepsilon^2)$ は ε の 2 次以上の高次項を示す. ε の 1 次項までの近似により,

$$f(x^{(k)}) + J\varepsilon = 0 \tag{5.28}$$

ここに,

$$J = \begin{bmatrix} \dfrac{\partial f_1}{\partial x_1} & \cdots & \dfrac{\partial f_1}{\partial x_n} \\ \vdots & \ddots & \vdots \\ \dfrac{\partial f_n}{\partial x_1} & \cdots & \dfrac{\partial f_n}{\partial x_n} \end{bmatrix}$$

となる (この行列 J を**ヤコビアン**という). よって, $\varepsilon = -J^{-1}f(x^{(k)})$ であり, 改善された数値解は, 次のようになる.

$$x^{(k+1)} = x^{(k)} - J^{-1}f(x^{(k)}) \tag{5.29}$$

ここで, n 次元ベクトル x を計画変数とし, 目的関数 $f(x)$ を最小にする数理計画問題を考える. 制約条件がない場合にはこの最小化問題の解は次の停留条件を満たす必要がある.

$$\frac{\partial f}{\partial x_i} = 0 \quad (i = 1, \cdots, n) \tag{5.30}$$

これをニュートン・ラフソン法によって数値的に解くと, (5.28) 式に対応する式は,

$$\begin{bmatrix} \dfrac{\partial f}{\partial x_1} \\ \vdots \\ \dfrac{\partial f}{\partial x_n} \end{bmatrix}_{x=x^{(k)}} + \begin{bmatrix} \dfrac{\partial^2 f}{\partial x_1^2} & \cdots & \dfrac{\partial^2 f}{\partial x_1 \partial x_n} \\ \vdots & \ddots & \vdots \\ \dfrac{\partial^2 f}{\partial x_n \partial x_1} & \cdots & \dfrac{\partial^2 f}{\partial x_n^2} \end{bmatrix}_{x=x^{(k)}} \begin{bmatrix} \varepsilon_1 \\ \vdots \\ \varepsilon_n \end{bmatrix} = 0 \tag{5.31}$$

となる. ここで, $\nabla f^{\mathrm{T}}_{x=x^{(k)}} = \begin{bmatrix} \dfrac{\partial f}{\partial x_1} \\ \vdots \\ \dfrac{\partial f}{\partial x_n} \end{bmatrix}_{x=x^{(k)}}$.

$$G = \begin{bmatrix} \dfrac{\partial^2 f}{\partial x_1^2} & \cdots & \dfrac{\partial^2 f}{\partial x_1 \partial x_n} \\ \vdots & \ddots & \vdots \\ \dfrac{\partial^2 f}{\partial x_n \partial x_1} & \cdots & \dfrac{\partial^2 f}{\partial x_n^2} \end{bmatrix}_{\boldsymbol{x}=\boldsymbol{x}^{(k)}}$$

とすれば (この行列 G を**ヘシアン** (Hessian；ヘッセ行列) という)，数値解を改善する (5.29) 式は次のようになる．

$$\boldsymbol{x}^{(k+1)} = \boldsymbol{x}^{(k)} - G^{-1} \nabla \boldsymbol{f}^{\mathrm{T}}_{\boldsymbol{x}=\boldsymbol{x}^{(k)}} \tag{5.32}$$

つまり，目的関数の停留条件をニュートン・ラフソン法で数値的に求めるプロセスは，最大傾斜 $-\boldsymbol{k}$ に G^{-1} を乗じて調整して効率的に解を探索する手法と考えられる．

例題 5.3

最小化　$z = f(x) = 3x_1^2 + 4x_1 x_2 + 2x_2^2$

この問題をニュートン・ラフソン法で解け．

【解答】 $z = 3 \times \left(x_1 + \dfrac{2}{3} x_2 \right)^2 + \dfrac{2}{3} x_2^2 \geq 0$

より，$x_1^* = 0$, $x_2^* = 0$ であり，$z_{\min} = 0$ であるが，これを，停留条件：

$$\dfrac{\partial f}{\partial x_1} = 6x_1 + 4x_2 = 0, \quad \dfrac{\partial f}{\partial x_2} = 4x_1 + 4x_2 = 0$$

を用いて，数値的に解く．まず，$G = \begin{bmatrix} 6 & 4 \\ 4 & 4 \end{bmatrix}$ より，

$$G^{-1} = \dfrac{1}{8} \begin{bmatrix} 4 & -4 \\ -4 & 6 \end{bmatrix} = \begin{bmatrix} 1/2 & -1/2 \\ -1/2 & 3/4 \end{bmatrix}$$

となる．初期値として，$\boldsymbol{x}^{(0)} = [1, 1]^{\mathrm{T}}$ とすると，(5.32) 式より，

$$\begin{aligned} \boldsymbol{x}^{(1)} &= \boldsymbol{x}^{(0)} - G^{-1} \nabla \boldsymbol{f}^{\mathrm{T}}_{\boldsymbol{x}=\boldsymbol{x}^{(0)}} \\ &= \begin{bmatrix} 1 \\ 1 \end{bmatrix} - \begin{bmatrix} 1/2 & -1/2 \\ -1/2 & 3/4 \end{bmatrix} \begin{bmatrix} 6+4 \\ 4+4 \end{bmatrix} = \begin{bmatrix} 0 \\ 0 \end{bmatrix} \end{aligned}$$

5.4 反復法

となり，1回で解に到達する．目的関数が2次関数のときは停留条件が1次関数になるので，初期値に何を選んでも数値計算は1回で収束する． ■

(3) 主双対内点法による線形計画問題の解法

標準形の線形計画問題：

$$\left.\begin{array}{l}\text{最小化}\quad z = cx \\ \text{条　件}\quad Ax = b \\ \phantom{\text{条　件}\quad} x \geq 0\end{array}\right\} \text{主問題} \tag{5.33}$$

x：n次元列ベクトル，　c：n次元行ベクトル

b：m次元列ベクトル，　A：$m \times n$行列

を，下記の形に書き換えて，クーン・タッカー条件を考えよう．

$$\left.\begin{array}{l}\text{最小化}\quad z = cx \\ \text{条　件}\quad Ax \geq b, \quad Ax \leq b \\ \phantom{\text{条　件}\quad} x \geq 0\end{array}\right\}$$

5.3節のクーン・タッカー条件に記号を合わせるため，

$$f(x) = cx$$

$$g(x) = \begin{bmatrix} g_1(x) \\ \vdots \\ g_m(x) \end{bmatrix} = b - Ax$$

とすれば，不等号制約は，$g(x) \leq 0$，$-g(x) \leq 0$ となるので，

$$\phi(x, \lambda_1, \lambda_2) = cx + (\lambda_1 - \lambda_2)(b - Ax)$$

となる．ここで，λ_i は m 次元行ベクトルである．

よって，クーン・タッカー条件である，(5.17) 式は，$c - (\lambda_1^* - \lambda_2^*)A \geq 0$，(5.18) 式は，$\{c - (\lambda_1^* - \lambda_2^*)A\}x^* = 0$，つまり，$cx^* = (\lambda_1^* - \lambda_2^*)Ax^*$，(5.19) 式は $b - Ax^* \leq 0$ かつ $b - Ax^* \geq 0$，つまり，$b - Ax^* = 0$，(5.20) 式は，$(\lambda_1^* - \lambda_2^*)(b - Ax^*) = 0$，つまり，$(\lambda_1^* - \lambda_2^*)b = (\lambda_1^* - \lambda_2^*)Ax^*$ となる．クーン・タッカー定理によって，最適解の必要十分条件は上記の4式を満たす非負の n 次元列ベクトル x^* と m 次元行ベクトル λ_1^* と λ_2^* が存在することである．ここで，$\lambda^* = \lambda_1^* - \lambda_2^*$ とすれば，λ^* の符号条件はなくなり，クーン・タッカー

の4条件は下記のように整理される.

$$c - \lambda^* A \geq 0 \tag{5.34}$$
$$cx^* = \lambda^* A x^* \tag{5.35}$$
$$b - Ax^* = 0 \tag{5.36}$$
$$\lambda^* b = \lambda^* A x^* \tag{5.37}$$

ところで,3.4節で説明した線形計画問題の双対性によれば,(5.33) を主問題とする線形計画問題は次のように定式化される線形計画問題を双対問題とし,両者の目的関数の最適値は一致し,主問題の最適解に対応するシンプレックス乗数ベクトルが双対問題の最適解になる.

$$\left. \begin{array}{ll} \text{最大化} & y = wb \\ \text{条 件} & wA \leq c \\ & w:\text{符号条件なし} \end{array} \right\} \text{双対問題} \tag{5.38}$$

とする.ここで,$w:m$ 次元行ベクトル (主問題の変数 x に対し,w を双対変数という).

(5.34) 式〜(5.37) 式のクーン・タッカー条件と (5.38) 式を較べてみると,m 次元行ベクトル λ^* は,双対問題の制約条件を満たし,かつ (5.35) 式と (5.37) 式より,$z^* = cx^* = \lambda^* A x^* = \lambda^* b = y^*$ となり,主問題と双対問題の目的関数が一致している.双対性の説明で述べたように,制約条件を満たす限り主問題の目的関数の値が双対問題の目的関数の値を下回ることはなく,両者が一致する場合が最適解である.よって,λ^* は双対問題の最適解である.つまり,クーン・タッカー定理において導入される λ はシンプレックス乗数ベクトルを拡張した概念を持つ変数である.

主双対内点法による線形計画問題の解法では,クーン・タッカー条件から導かれる最適解の必要十分条件を反復法により数値的に解く.まず,非負の新しい変数 u (n 次元行ベクトル) を導入して,不等号条件である (5.34) 式を,$u = c - \lambda^* A,\ u \geq 0$ と表現する.こうすると,(5.35) 式は,$ux^* = 0$ となる.ここで,$u \geq 0,\ x^* \geq 0$ であるので,$u_i x_i^* = 0\ (i = 1,\cdots,n)$ である.このように変換することで,(5.33) 式の線形計画問題の最適解は,次の連立方程式の解として表現できる.

$$\boldsymbol{u} = \boldsymbol{c} - \boldsymbol{\lambda}^* A \quad ((5.34)\text{式に対応}) \tag{5.39}$$

$$A\boldsymbol{x}^* = \boldsymbol{b} \quad ((5.36)\text{式そのものであり，このとき}(5.37)\text{式が成立する}) \tag{5.40}$$

$$u_i x_i^* = 0 \quad (i=1,\cdots,n,\quad (5.35)\text{式に対応}) \tag{5.41}$$

変数：$\boldsymbol{x}^* \geq \boldsymbol{0},\ \boldsymbol{u} \geq \boldsymbol{0},\ \boldsymbol{\lambda}^*$：符号条件なし

この連立方程式は，(5.39) 式と (5.40) 式はそれぞれ n 本と m 本の線形方程式であり，(5.41) 式は n 本の非線形方程式である．一方，変数の数も $m+2n$ 個であるので解を求めることができる．

ここで，新しく導入した変数 $\boldsymbol{u}$ について少し説明しておく．(5.39) 式は $\boldsymbol{u}$ が双対問題の制約式のスラック変数であることを示す．よって，(5.41) 式は双対問題のスラック変数 u_i と主問題の最適解 x_i^* の少なくともどちらか一方がゼロということを意味している．スラック変数 u_i がゼロということは解がその制約式で制限される領域の境界上に存在するということであり，その場合，制約式に対応するシンプレックス乗数 π_i は非負となり，一方，$u_i > 0$ の場合は $\pi_i = 0$ となる．双対問題の最適解におけるシンプレックス乗数は主問題の最適解と等しいので，$u_i = 0$ のときは解が制約式の境界上に存在し，$\pi_i = x_i^* \geq 0$ となり，$u_i > 0$ のときは解が制約領域の内部に存在するので $\pi_i = x_i^* = 0$ となる．このような関係があることから，(5.41) 式を**相補性条件** (厳密には強相補性条件) と呼んでいる．

主双対内点法では，$\boldsymbol{x}^* \geq \boldsymbol{0},\ \boldsymbol{u} \geq \boldsymbol{0}$ を満たす内点から出発して，これら非負条件を維持しつつ上記の連立方程式の解を数値的に求める．線形方程式を満たす点から出発する方法を実行可能点列主双対内点法，必ずしも線形制約式を満たさない点から探索する方法を非実行可能点列主双対内点法という．基本的な解法はニュートン・ラフソン法であるが，非負条件を維持しつつ (5.41) の非線形方程式の解を求める過程に工夫が必要になる．詳しい反復計算プロセスは省略するが，$u_i x_i^* = \tau,\ \tau \geq 0$ (これを弱相補性条件という) とし，τ を小さくするように探索を行って，数値解の変動が十分小さくなればアルゴリズムを終了する．

5.5 整数計画問題と分枝限定法

標準化された機械の設置台数の決定,限られた種類の規格品の中からの選択など,計画変数の一部あるいは全体が離散的な値に限定される計画問題は多い.このように計画変数が離散的な値をとる問題は変数を整数に限定することで定式化できる.また,5.1 節で示したように,目的関数が非凸であれば,線形近似において整数変数の導入が必要になる.変数が整数に限定される計画問題を**整数計画** (integer programming) というが,これは典型的な非凸計画問題である.変数が整数に限定される場合には,効率的な列挙法が威力を発揮することが多い.ここでは,整数計画問題の例を紹介した後,効率的な列挙法の 1 つである**分枝限定法** (branch and bound method) を紹介する.

(1) 整数計画問題の例

(1) **丸太の切り分け問題 (cutting stock problem)**

直径が一定で長さが L の丸太をいくつかの長さに切り分けるとする.切り分けられた丸太には規格があり,l_i の長さに切ると価格 c_i で売れるとする (ここで,$i = 1, \cdots, n$).木材をどのように切り分ければ売上が最大になるか,という問題が丸太切り分け問題である.

l_i の長さの丸太を x_i 本切り出すとして,この問題は下記のように定式化できる.

$$条\ 件 \quad \sum_{i=1}^{n} l_i x_i \leq L$$

$$最大化 \quad z = \sum_{i=1}^{n} c_i x_i$$

これだけでは単純な線形計画問題と変わらないが,x_i が非負の整数であるという条件が付加されるので,この問題は整数計画問題となる.

(2) **固定費問題**

設備の導入と運転について費用最小化を行う場合,設備を導入すると運転しなくても設備の固定費 (償却費や利払いのように運転に関わらず発生する費用) が生じるので,費用関数は図 5.9 に示すように不連続な関数になる.この不連

5.5 整数計画問題と分枝限定法

続な費用関数を定式化するには，下記に示すように，ゼロと1の値をとる整数変数 δ を導入する必要性がでてくる．このように，計画変数の一部が整数で残りは実数となる数理計画問題を**混合整数計画** (mixed integer programming) と呼んでいる．

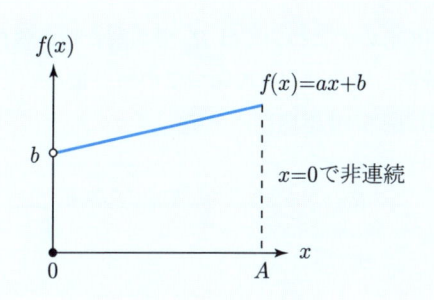

$$f(x) = ax + b\delta \quad (0 \leq x \leq A\delta, \quad \delta = 0 \text{ あるいは } 1)$$

図 5.9 固定費問題の費用関数

(2) 分枝限定法の考え方と解法の例

分枝限定法の基本的な考え方は，計画変数の制約領域を枝分かれさせるように順次いくつかに分解して，それぞれ分解された領域での最適値の限界を求め，全体としての最適値が存在する可能性のある領域を絞り込んでいくというものである．例えば，先に例示した丸太の切り分け問題のように，計画変数が非負の整数という条件以外は通常の線形計画問題と同じである場合には，整数値が境界になるように制約領域をいくつかに分割して通常の実数変数の線形計画問題を解くことで，非負の整数が解に含まれるように最適解を絞り込む．一般的に説明すると抽象的になってわかりにくいので，具体的な例題で示す．

例題 5.4

最小化　$z = x_1 + 7x_2$

条　件　$3x_1 + 7x_2 \geq 21, \quad x_2 \geq 1.5$

x_1, x_2 は非負の整数とする．この問題を解け．

【解答】 計画変数が整数であるという条件を一時無視し，この問題を非負条件

つきの通常の線形計画問題として解くと,$x_1^* = 3.5$, $x_2^* = 1.5$, $z_{\min} = 14$ となる.$z_{\min} = 14$ は,非負の整数という条件を含む非負の実数というより大きい制約領域の下で得られているので,元の問題の z の最小値がこれを下回ることはない.この非負の実数という条件下での制約領域を R_0 と表記し,そのときの最小値 (これは元の問題の最小値がこれを下回らないという意味での下限値) を LB_0 と記すことにする.以下,R_0 を順次分割してそれぞれの領域での最小値の下限を求めていく.

制約領域の分割のしかたについては R_0 での解に近い整数値を境界とする.このように領域を分割してそれぞれの領域での解と最小値を求めていくと下記のようになる (図解は図 5.10 参照).

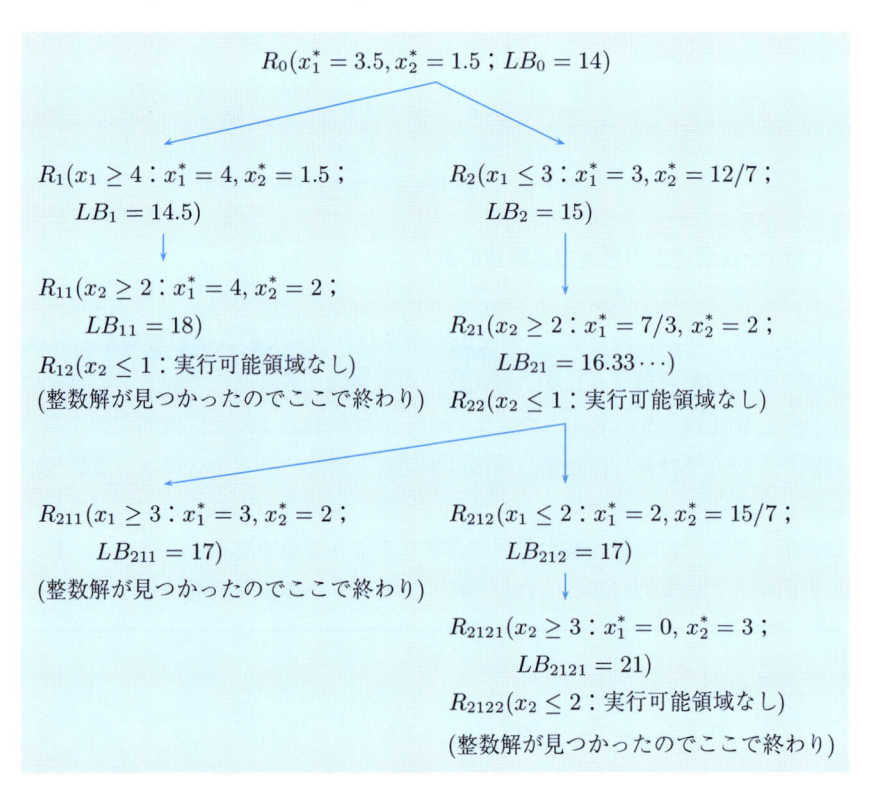

$R_0(x_1^* = 3.5, x_2^* = 1.5\,;\,LB_0 = 14)$

$R_1(x_1 \geq 4 : x_1^* = 4, x_2^* = 1.5\,;$
　$LB_1 = 14.5)$

$R_2(x_1 \leq 3 : x_1^* = 3, x_2^* = 12/7\,;$
　$LB_2 = 15)$

$R_{11}(x_2 \geq 2 : x_1^* = 4, x_2^* = 2\,;$
　$LB_{11} = 18)$
$R_{12}(x_2 \leq 1 :$ 実行可能領域なし$)$
(整数解が見つかったのでここで終わり)

$R_{21}(x_2 \geq 2 : x_1^* = 7/3, x_2^* = 2\,;$
　$LB_{21} = 16.33\cdots)$
$R_{22}(x_2 \leq 1 :$ 実行可能領域なし$)$

$R_{211}(x_1 \geq 3 : x_1^* = 3, x_2^* = 2\,;$
　$LB_{211} = 17)$
(整数解が見つかったのでここで終わり)

$R_{212}(x_1 \leq 2 : x_1^* = 2, x_2^* = 15/7\,;$
　$LB_{212} = 17)$

$R_{2121}(x_2 \geq 3 : x_1^* = 0, x_2^* = 3\,;$
　$LB_{2121} = 21)$
$R_{2122}(x_2 \leq 2 :$ 実行可能領域なし$)$
(整数解が見つかったのでここで終わり)

このような方法によって,R_{11} と R_{211} と R_{2121} において,非負の整数の解による最小値が得られているが,その中での最小値は R_{211} における $LB_{211} = 17$

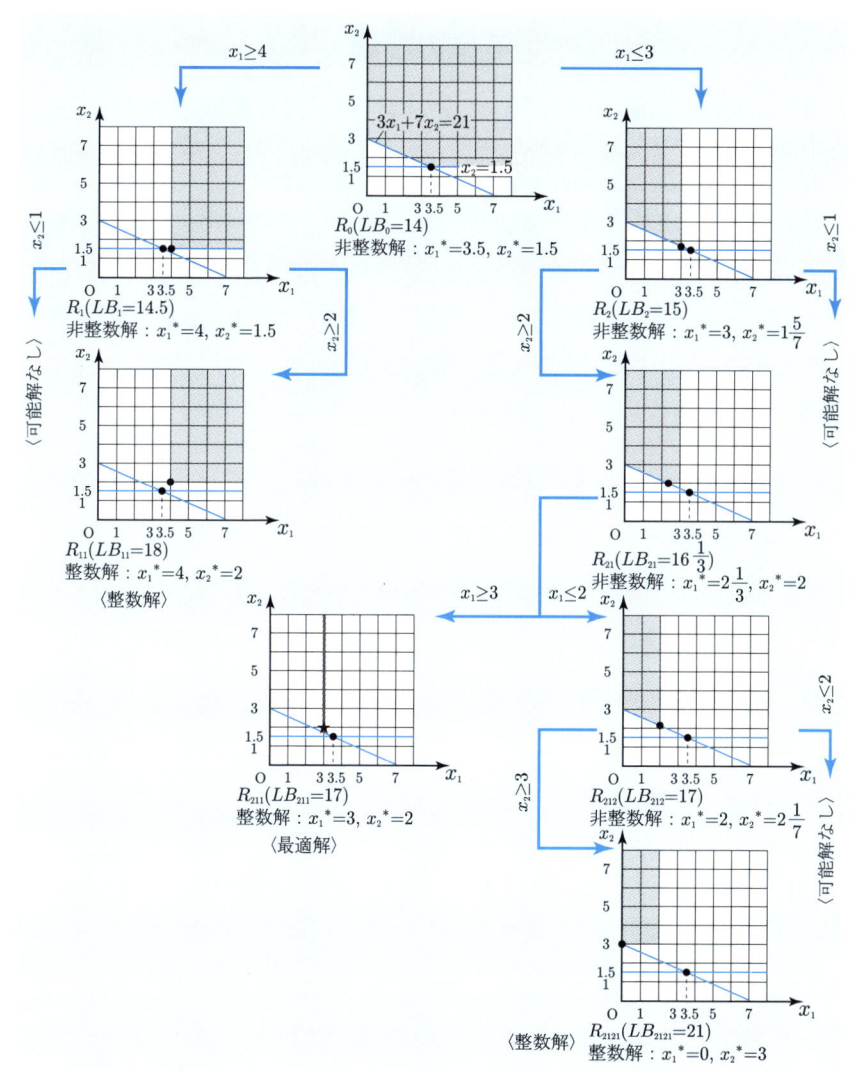

図 5.10 分枝限定法による整数計画問題の解法例の図解

である．よって，これが全体での最小値であり，$x_1^* = 3$, $x_2^* = 2$ が解である．なお，R_{212} の下限は R_{211} の下限と同じ値であるが，R_{211} の下限が整数解で得られるのに対し，R_{212} の下限は整数解ではないのでここで打ち切ってもよい．なお，分枝限定法は整数計画問題に限らず幅広く応用できる． ∎

5章の問題

1 $x_1 + x_2 + x_3 = 21$ の条件下で，$z = x_1^2 + x_2^2 + x_3^2$ を最小化する x_1, x_2, x_3 とそのときの最小値 $z_{\min}$ を求めよ．
(1) ラグランジュ未定乗数法で解け．λ の値も求めよ．
(2) x_3 を消去して，2 変数の問題に変換した後，ヘシアンを求めて，傾斜法で解け．

2 例題 5.2 でクーン・タッカー条件が成立するのは，$\lambda_1^* > 0$, $\lambda_2^* = 0$, $x_1^* > 0$, $x_2^* > 0$ のときに限られることを示せ．また，この条件を用いて最適解が $x_1^* = 2$, $x_2^* = 2$, $\lambda_1^* = 4$, $\lambda_2^* = 0$ となることを確認せよ．

3 次の問題の最適解 x_1^*, x_2^* を図を描いて求め，クーン・タッカー定理における λ^* の値を求めよ．

最小化 $z = x_1^2 + x_2^2$
条　件 $x_1 - x_2 \geq 1$
$x_2 \geq 1$
$x_1, x_2 \geq 0$

4 次の非線形計画問題に答えよ．

最小化 $z = -x_1$
条　件 $x_1^2 + x_2^2 \leq 1$
$x_1, x_2 \geq 0$

(1) 最適解 x_1^*, x_2^* を図を描いて求め，クーン・タッカー定理における λ^* の値を求めよ．
(2) (1) で求めた制約領域の図において円の半径を 0.01 増加させたときの目的関数の変化量を求めよ．また，制約式における右辺の増加量 δ と置くと，$\lambda^* \delta$ が目的関数の変化量にほぼ等しくなることを確認せよ．

6 動的計画法

　動的計画法 (dynamic programming) は，多段決定問題の形式に問題を整理できれば一般的に適用できる柔軟性のある解法である．目的関数や制約条件に線形性や凸性がなくても適用できるので大変便利である．動的計画法は，理論的には現代制御における最大原理と等価であるが，実際の適用においては，各段での決定の組合せで表現される多数の (ただし有限個の) 選択肢の中から最適な決定の組合せを効率的に求める列挙法として分類できる．

> **6 章で学ぶ概念・キーワード**
> - 多段決定問題，関数漸化式
> - 動的計画法の応用

6.1 多段決定問題としての定式化

時間軸のある計画問題を考えよう．ある時点 i で決定した選択が次の時点 $i+1$ の状態を決め，時点 $i+1$ のその状態で決めた選択が次の時点 $i+2$ の状態を決めるとする (各時点でとり得る状態や時点間の状態変化の関係などが制約条件になる)．また，各時点での選択に伴って費用が発生し，現在から一定期間後までの各時点での決定に伴う総費用が最小とすべき目的関数であるとする．このような多段階の決定の連鎖で構成される計画問題を**多段決定問題**と呼ぶ．なお，多段階という意味は決定の連鎖という意味であって，ここで例に示した時点間の関係に限定されるものではない．

動的計画法では，各段階でとり得る状態の数を有限個に集約する．例えば，図 6.1 に示すように始点から終点までに N 段の決定があり，それぞれの段階で 3 個の状態 (i 段目では，A_i, B_i, C_i) があるとする．なお，ここでは説明の便宜のために各段での状態の数を等しく3としたが，一般には各段でとり得る状態の数は変化してよい．このとき，各段での決定の組合せの数は 3^N 個になる．N が大きくなると，この数は極めて大きくなり，最適な決定の組合せを見つけるのが困難になる．

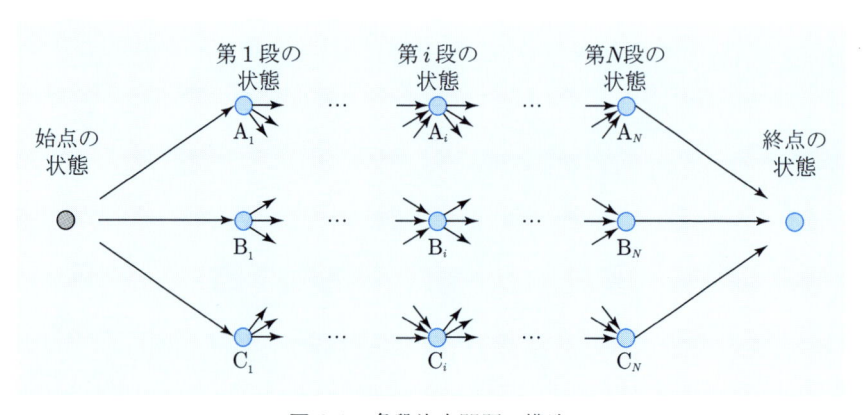

図 6.1 多段決定問題の構造

この問題に対し，動的計画法では，各段の状態について，その状態に至る始点からの経路の中で最適な値 (あるいは，その状態から終点に至る最適な値) を記憶することで，比較すべき組合せの数が指数関数的に増大することを避ける．

つまり，i 段の状態 A_i, B_i, C_i のそれぞれについて，その状態に至る最適経路の最小費用を記憶しておけば，$i+1$ 段までの最適経路の比較は $A_{i+1}, B_{i+1}, C_{i+1}$ のそれぞれの状態について前段の 3 状態からの 3 経路を組み合わせればよいので 3^2 個になる．これを各段ごとに行っていけばよいので，比較すべき組合せの数が段数 N に比例的にしか増大しない．ここで述べた，i 段の各状態までの最適経路とその次の段の各状態までの最適経路の関係は，**関数漸化式**と呼ばれる数式で表現される．なお，ここで説明したように始点から各段の状態に至る最適値を記憶する方法を**前進型**の関数漸化式と呼ぶ．それに対し，各段の状態から終点に至る最適値を記憶する方法を**後進型**と呼ぶ．始点の状態が決まっている場合は前進型，終点の状態が決まっている場合は後進型で関数漸化式を設定するのが簡単である．

■ 最大原理

最大原理はロシアの盲目の数学者ポントリャーギンによって導出された．最大原理が適用される最適制御問題は次のように定式化される．

状態方程式：$\dfrac{dx}{dt} = g(x, u, t)$ の制約条件下で，

最大化 $\displaystyle\int_0^T f(x, u, t)dt$

ここで，x：状態変数，u：制御変数である．

最大原理によれば，最適制御 u^* は，ハミルトニアン：$H = f(x, u, t) + \lambda(t)g(x, u, t)$ として，$\dfrac{\partial H}{\partial u} = 0, \dfrac{d\lambda}{dt} = -\dfrac{\partial H}{\partial x}$ $(0 \leq t \leq T)$ の 2 条件を満たす必要がある．

最大原理も動的計画法の関数漸化式 (これをベルマンの最適性原理という) と同様に，$0 \sim T$ の全区間をいくつかの段階 (連続系で記述しているので微小時隔 dt) に分割し，最適解が途中の各段階で満たすべき条件を示している．状態方程式は各段階の間の状態の変化条件を示しているが，その制約条件は随伴関数 $\lambda(t)$ を導入して最適解の 2 番目の必要条件として表現されている．このやり方はラグランジュ未定乗数法やクーン・タッカー定理と同様である．実際，時間を離散化して問題を定式化し直せば，ラグランジュ未定乗数法を適用して最大原理を証明することができる (6 章の問題 4 参照)．

6.2 関数漸化式の導出と解法の例

具体的な例題を通して説明するのがわかりやすいだろう．ここでは，関根泰次著「数理計画法 II」（岩波講座基礎工学 5，岩波書店）の pp.206-212 に掲載されている例題を借りて説明する．

「数理計画法 II」の例題

工場から毎月決められた量の製品の供給を受けて販売する小売店の営業経費を最小化する問題を考える．営業経費は販売量を増加させようとすると累進的に増加するものとする．また，製品の在庫量については計画期間の始点と終点で決められており，各月末の在庫量にも上下限制約が課せられる．在庫数が**状態変数**であり，毎月の販売量が**計画変数**である．なお，販売量を増加すれば収益が増えるように思うが，この収益はメーカである工場あるいは各セールスマン個人への報酬とし，小売店の目的関数は営業経費の最小化であると考えれば一応納得できる．

t 月について，工場から送られる製品の数を a_t，月末の在庫数を s_t，販売数を x_t，その販売に要する営業経費を $f(x_t)$ とする．このとき，本例題は，制約条件として，

$s_0 = s_0^*$

$s_N = s_N^*$ （計画期間 N 月で売るべき総量は決まっている）

$\underline{s} \leq s_t \leq \overline{s}$ （$t = 0, 1, \cdots, N$，在庫制約）

$s_t = s_{t-1} + a_t - x_t$

（$t = 1, \cdots, N$，各段の状態変化の関係を表す**状態方程式**）

また，目的関数は，$\displaystyle\sum_{t=1}^{N} f(x_t) \to$ 最小化 である．

なお，x_t は非負の整数である．

この問題において，各段の状態ごとに，最適経路および最適値の前後の段との関係を示す関数漸化式は次のようになる．

$F_t(s_t)$ を t 月末の在庫 s_t (状態変数) が指定されたときの 1～t 期間における総営業経費の最小値とすると，

6.2 関数漸化式の導出と解法の例

$$F_t(s_t) = \min_{x_t}(f(x_t) + F_{t-1}(s_{t-1}))$$
$$= \min_{x_t}(f(x_t) + F_{t-1}(s_t - a_t + x_t)) \tag{6.1}$$

(ただし，x_t は s_t の制約を満たす範囲に制約される)

という関係式が導かれる．これが**関数漸化式**である．関数漸化式を**ベルマンの最適性原理**と呼ぶこともある．なお，ベルマンは動的計画法の創始者である．

(6.1) 式は前進型の関数漸化式 (t の小さい関数から決めていく) になっているが，容易に理解できるように，関数漸化式は後進型で表現することもできる．前進型の関数漸化式の場合には下記のように，s_1 から解いていく．

$$F_1(s_1) = \min_{x_1}(f(x_1))$$
$$= f(s_0^* + a_1 - s_1)$$

なお，ここで，状態方程式 $s_1 = s_0^* + a_1 - x_1$ を用いたが，x_1 の範囲は s_1 の制約条件を満たす範囲で考える．

具体的な数値を入れて実際に計算してみよう．

$N = 3$

$s_0^* = 4,\ s_N^* = s_3^* = 8,\ \underline{s} = 2,\ \overline{s} = 10$

$a_1 = 9,\ a_2 = 11,\ a_3 = 8$

とし，営業経費の関数形は $f(x) = 1 + x^2$ とする．このとき問題は次のようになる．

最小化　$z = \sum_{i=1}^{N=3} f(x_i) = \sum_{i=1}^{N=3}(1 + x_i^2)$

条　件　$\left.\begin{array}{l}s_1 = s_0 + 9 - x_1 = 13 - x_1 \\ s_2 = s_1 + 11 - x_2 \\ s_3 = s_2 + 8 - x_3 = 8\end{array}\right\}$ 状態方程式

$\qquad\quad\ 2 \leq s_i \leq 10 \quad (i = 1, 2, 3)$　　状態制約

次に，前進型で関数漸化式を計算していく．

$$F_1(s_1) = f(x_1) = 1 + (13 - s_1)^2 \tag{6.2}$$

ここで，状態制約：$2 \leq s_1 \leq 10$ より，$3 \leq x_1 \leq 11$ である．

第 6 章 動的計画法

$$F_2(s_2) = \min_{x_2}(f(x_2) + F_1(s_1)) = \min_{x_2}(f(x_2) + F_1(s_2 - 11 - x_2))$$
$$= \min_{x_2}\{1 + x_2^2 + 1 + \{13 - (s_2 - 11 + x_2)\}^2\}$$
$$= \min_{x_2}\left\{2 \times \left(x_2 - \frac{24 - s_2}{2}\right)^2 + \frac{(24 - s_2)^2}{2} + 2\right\}$$
$$= \frac{1}{2}s_2^2 - 24s_2 + 290$$
$$x_2 = \frac{24 - s_2}{2} \tag{6.3}$$

ここで，$2 \leq s_2 \leq 10$ と x_2 が非負の整数であることを考慮する必要がある．

$$F_3(s_3) = \min_{x_3}(f(x_3) + F_2(s_2)) = \min_{x_3}(f(x_3) + F_2(s_3 - 8 + x_3))$$
$$= \min_{x_3}\left\{1 + x_3^2 + \frac{1}{2}(s_3 - 8 + x_3)^2 - 24 \times (s_3 - 8 + x_3) + 290\right\}$$
$$= \min_{x_3}\left\{\frac{3}{2}\left(x_3 - \frac{32 - s_3}{3}\right)^2 + \frac{s_3^2 - 64s_3 + 1033}{3}\right\}$$
$$= \frac{s_3^2 - 64s_3 + 1033}{3} \tag{6.4}$$
$$x_3 = \frac{32 - s_3}{3}$$

なお，状態制約：$2 \leq s_3 \leq 10$ と x_3 の非負整数条件を考慮する必要がある．ただし，本例題では第 3 段階が最終段であり，$s_3^* = 8$ より，

$$x_3^* = \frac{32 - s_3^*}{3} = 8$$

となる．(6.4) 式より，$F_3(s_3^*) = F_3(8) = 195 = z_{\min}$，また，状態方程式より，$s_2^* = s_3^* + x_3^* - a_3 = 8 + 8 - 8 = 8$ となる．よって，(6.3) 式より，

$$x_2^* = \frac{24 - s_2^*}{2} = 8$$

となる．これより，(6.2) 式から，

$$s_1^* = s_2^* + x_2^* - a_2 = 8 + 8 - 11 = 5$$
$$x_1^* = s_0^* - s_1^* + a_1 = 4 - 5 + 9 = 8$$

となる．これで最適解 $(x_1^* = x_2^* = x_3^* = 8,\ z_{\min} = 195)$ が得られた．

6.2 関数漸化式の導出と解法の例

なお，この問題は下記のように書き換えることができる．

条　件　$s_1 = 4 + 9 - x_1$

$s_2 = s_1 + 11 - x_2$

$s_3 = s_2 + 8 - x_3 = 8$

最小化　$z = 3 + x_1^2 + x_2^2 + x_3^2$

$2 \leq s_i \leq 10, \quad x_i \geq 0$

ここで，状態方程式と状態制約から s_i を消去して整理すると，

$2 \leq 13 - x_1 \leq 10 \rightarrow 3 \leq x_1 \leq 11$

$2 \leq 24 - x_1 - x_2 \leq 10 \ \rightarrow \ 14 \leq x_1 + x_2 \leq 22$ \hfill (6.5)

$x_1 + x_2 + x_3 = 24$

となる．つまり，本問題は図 6.2 に示すように，x_1, x_2, x_3 を軸とする 3 次元空間で図解することができる．(6.5) 式で示される制約領域は，$(24,0,0), (0,24,0), (0,0,24)$ を頂点とする正三角形の一部 (紺色の網掛けで示す) であり，目的関数を最小にする点は原点とこの網掛け部分との距離が最小になる点 $(8,8,8)$ になっている．

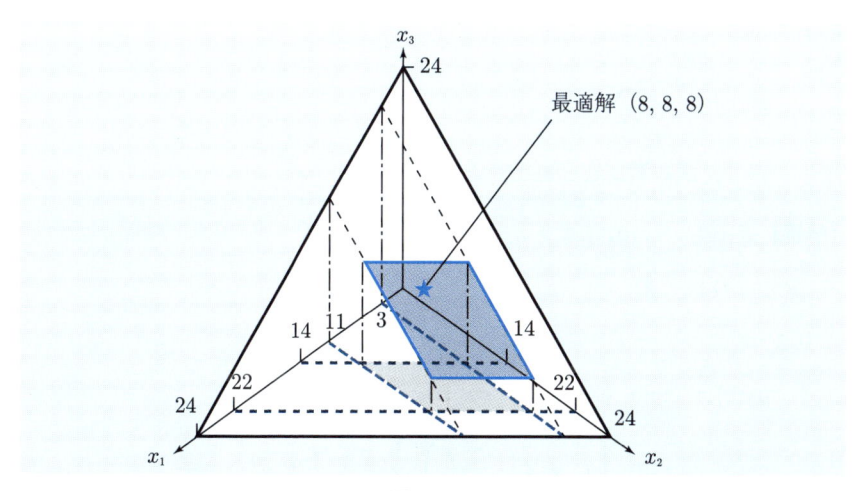

図 6.2

6.3 動的計画法の応用例

動的計画法は，一見したところでは多段階決定問題に見えない問題にも応用できる．

例 $\sum_{i=1}^{N} x_i = c,\ x_i \geq 0$ という制約条件の下で，

$$z = F(x_1, x_2, \cdots, x_N) = \sum_{i=1}^{N} f_i(x_i) \tag{6.6}$$

を最小化する問題を考える．(6.6) 式のような目的関数を分離型目的関数という．

このとき，$g_n(c) \equiv \min_{x_i} F(x_1, \cdots, x_n)$ を定義して，関数漸化式を求めることができる．つまり，

$$g_n(c) = \min_{0 \leq x \leq c} (f_n(x) + g_{n-1}(c - x)) \quad (n = 2, 3, \cdots)$$
$$g_1(c) = f_1(c)$$

とすればよい． □

例題 6.1

条　件 $\quad \sum_{i=1}^{N} x_i = c > 0, \quad x_i \geq 0$

最小化 $\quad z = \sum_{i=1}^{N} x_i^p$

について，関数漸化式を導出せよ．

【解答】 $g_n(c) = \min_{0 \leq x \leq c} (x^p + g_{n-1}(c - x))$

$g_1(c) = c^p$

これより，

$$g_2(c) = \min_{0 \leq x \leq c} \{x^p + (c-x)^p\} = 2\left(\frac{c}{2}\right)^p, \quad x = \frac{c}{2}$$

$$g_3(c) = \min_{0 \leq x \leq c} \left\{x^p + 2\left(\frac{c-x}{2}\right)^p\right\} = 3\left(\frac{c}{3}\right)^p, \quad x = \frac{c}{3}$$

となり，一般に，

$$z_{\min} = g_N(c) = N\left(\frac{c}{N}\right)^p, \quad x_1 = x_2 = \cdots = x_N = \frac{c}{N}$$

であることがわかる. ■

例題 6.2

条　件　$\sum_{i=1}^{N} x_i = c, \quad x_i \geq 0$

最大化　$z = x_1 x_2 \cdots x_N$

この場合は，目的関数の対数をとって分離型目的関数にしてもよいが，そのままで関数漸化式を導出せよ.

【解答】 $g_n(c) = \max_{x_i}(x_1 x_2 \cdots x_n)$

として，

$$g_n(c) = \max_{0 \leq x_n \leq c}(x_n g_{n-1}(c - x_n))$$
$$g_1(c) = c$$

という関数漸化式を設定すれば，

$$g_2(c) = \max_{0 \leq x_2 \leq c}\{x_2(c - x_2)\} = \left(\frac{c}{2}\right)^2, \quad x_2 = \frac{c}{2}$$

$$g_3(c) = \max_{0 \leq x_3 \leq c}\left\{x_3\left(\frac{c - x_3}{2}\right)^2\right\} = \left(\frac{c}{3}\right)^3, \quad x_3 = \frac{c}{3}$$

となり，これを繰り返せば，一般に

$$z_{\max} = g_N(c) = \left(\frac{c}{N}\right)^N, \quad x_1 = x_2 = \cdots = x_N = \frac{c}{N}$$

となる．これは，

$$\left(\frac{c}{N}\right)^N \geq x_1 x_2 \cdots x_N$$

$$\frac{x_1 + x_2 + \cdots + x_N}{N} \geq \sqrt[N]{x_1 x_2 \cdots x_N}$$

と書き直せるので，(相加平均) $\geq$ (相乗平均) を示している． ■

6章の問題

☐ **1** 5章の問題1を動的計画法の考えを用い，関数漸化式を設定して解け．

☐ **2** 本章6.2節で用いた例題を後進型の関数漸化式を導出して解け．

☐ **3** (1) ある工場において，毎時消費する電力量がわかっているとする．1時間ごとに電力会社から電力を購入し，工場で消費する電力を賄う必要がある．電力は送電線を介して送られてくるが，間にある変圧器を通過する際に損失が発生する．ここで，毎時購入する電力量を計画変数とし，損失量を目的関数とした最小化問題を考え，最適解を求めよ．変圧器の損失に関する目的関数について簡単に説明すると，第1項は電力が通過しなくても損失が発生する無負荷損を表し，第2項が通過する電力量の2乗に比例する負荷損を表す．また工場

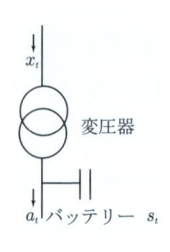

図 6.3

には蓄電池 (バッテリー) があり，バッテリーの容量以内であれば，購入した電気を蓄えておくことができる．なお，バッテリーの損失は無視する．

時刻 t において，工場で消費する電力量を a_t，バッテリーに蓄える電力量を s_t，購入電力量を x_t，変圧器で発生する損失を $f(x_t) = 4 + x_t^2$ とすると，制約条件および目的関数は次のようになる (x_t：非負)．

条 件　$s_0 = s_0^* = 5, \quad s_3 = s_3^* = 10$

(計画期間3時間で購入する電力量は決まっている)

$a_1 = 6, \quad a_2 = 11, \quad a_3 = 2$　(工場で時間ごとに消費する電力量)

$\underline{s} = 0 \leq s_t \leq \overline{s} = 10 \quad (t = 0, 1, 2, 3)$　(バッテリーの容量制約)

$s_t = s_{t-1} - a_t + x_t \quad (t = 1, 2, 3)$

(各段の状態変化の関係を表す状態方程式)

最小化　$\sum_{t=1}^{3}(4 + x_t^2)$　(変圧器で発生する損失の最小化)

(2) 時点3で損失が半分となる変圧器を新規に導入した場合の最適解を求めよ．新規の変圧器購入に伴い，時点3での損失は $f_3(x_3) = 2 + \frac{1}{2}x_3^2$ となる．

☐ **4** 127ページのコラムで述べた最大原理を，時間軸を離散化してラグランジュ未定乗数を導入することで導け．

7 ゲーム理論入門

　今までの章では，意思決定者が 1 人の場合の数理計画問題を扱ってきた．しかし，現実には，多数の意思決定者がお互いに相手の行動を考慮しながら自分の意思決定を行っている．このように，複数の意思決定者がいる状況での合理的な行動原理を研究する分野がゲーム理論である．ここでは，ゲーム理論で用いられる基本概念を説明した上で，よく利用される主要なゲームの構造とゲーム理論の基本定理 (ノイマン定理) を説明し，最後にゲーム理論による市場の効率性の研究を紹介する．

> **7 章で学ぶ概念・キーワード**
> - 囚人のジレンマ
> - ミニマックス (あるいはマックスミン) 戦略
> - ゲームの均衡
> - ゲーム理論の基本定理
> - 市場均衡とゲーム論

7.1 ゲーム理論の基本概念

ゲームが成立するためには，複数の意思決定者が必要である．ゲームを行う意思決定者を**プレーヤー** (player) と呼ぶ．もちろん，プレーヤーといっても，ゲームで遊ぶ人のことではない．プレーヤーが持つ意思決定の選択肢を**戦略** (strategy) と呼ぶ．単一の選択肢だけが選べる場合やいくつかの選択肢を確率的に組み合わせて用いる場合 (混合戦略という) がある．2 人のプレーヤー間の戦略の組合せで決まるプレーヤーの利得を表す行列を**ペイオフ行列** (payoff matrix；利得行列) と呼ぶ．

設定条件によって，種々のタイプのゲームがある．基本となるのは，プレーヤーが 2 人の場合で，お互いに非協力で，ゲームによる一方の利得が相手の損失になる場合である．これを 2 人・**非協力**・**ゼロ和** (zero–sum；ゼロサム) ゲームと呼ぶ．一方の利得がそのまま相手の損失にならずとも 2 人の利得の合計が一定であれば，ゲームの構造としてはゼロ和ゲームと同じである (図 7.1 参照)．

プレーヤーが 3 人以上になると，プレーヤー間での**提携** (coalition) という新しい可能性が出てくる．そのほか，戦略の組合せでプレーヤーの総利得が変化する場合 (**非ゼロ和**ゲーム)，ゲームに関する情報の一部が知られていない場合 (**不完全情報**ゲーム)，プレーヤー間で**先手**と**後手**が決まっているゲーム，ゲームが 1 回限りでなく多段決定問題のように何回も行われる**展開型**のゲームなど，種々のゲームのタイプがある．

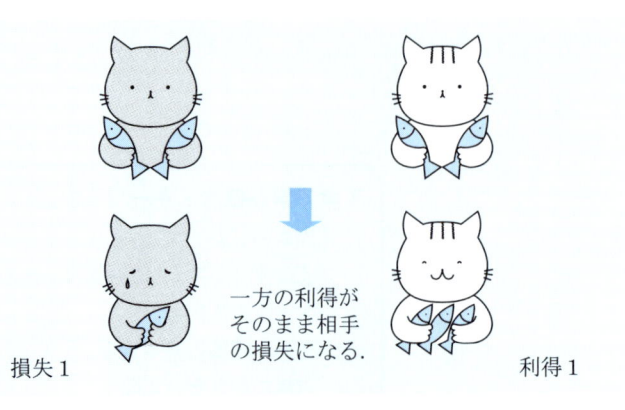

図 7.1　非協力・ゼロ和ゲームの構図

7.2 よく知られているゲームの構造

(1) 囚人のジレンマ

ゲーム理論で最もよく知られているゲームのタイプは「**囚人のジレンマ**」であろう．これは，2人・非協力・非ゼロ和型のゲームの中で特殊なペイオフ行列を持つものである．

2人の囚人 A,B が共犯容疑でそれぞれ独房に収容されており，相互の連絡がとれない．一方，取調官は十分な証拠を持っておらず，自白がなければ重い罰則を課すことができない状況にある．このとき，取調官が2人の囚人に対して，双方とも自白しない場合にはともに刑期1年，両人とも自白した場合には刑期5年，一方が自白して片方が自白しなかった場合には，自白したものは恩赦により放免，自白しなかったものには8年の刑期を課すと通告したとする．このような状況に置かれた2人の囚人の状態を「囚人のジレンマ」という．

この状況をゲーム論の基本概念に従い，2人の囚人 A,B をプレーヤー，自白するかしないかを2人が選べる戦略として，ペイオフ行列を書くと次のようになる．

表7.1 「囚人のジレンマ」のペイオフ行列

α_i：Aの戦略，β_i：Bの戦略	β_1：自白しない	β_2：自白する
α_1：自白しない	(1年，1年)	(8年，放免)
α_2：自白する	(放免，8年)	(5年，5年)

注) ( ) 内の左側はAの刑期，右側がBの刑期．

このように，どう転んでも損しかない場合，しかも相手がどのような行動をとるか全くわからないとき，慎重に考えて戦略を決定する人は，ある選択肢を選んだ場合にあり得る最大の損失を比較して，それが最小になるような戦略を選択するであろう．これをゲーム論では，**ミニマックス戦略**と呼ぶ．つまり，あり得る最大 (マックス) の損害ないし後悔を最小 (ミニ) にする戦略である．利益が得られる可能性がある状況の場合には，不確実な中でも何とか確保できる最小 (ミニ) の利得を最大 (マックス) にする戦略が選ばれるので，**マックスミン戦略**と呼ばれることもあるが，基本的には両者は同じ考えに基づいている．

さて,「囚人のジレンマ」ゲームの場合,AとBの間に全く信頼関係がなければ,A,Bともにミニマックス損害戦略をとることになる.例えば,Aからみれば,自白しないときに起こり得る最大の損害は8年の刑期であり,自白する場合には5年であるから「自白する」を選ぶのが合理的である.これはBについても同様で「自白する」を選ぶ.こうして取調官の思惑通り,2人とも自白してしまう.これが「囚人のジレンマ」である.

この囚人達が2人の合計刑期を最小にすることを目的としているのであれば,最もよい戦略は2人とも自白せず,それぞれ1年の刑期に服することであるが,このような最適解は2人が協力しない限り達成できない.ゲーム論では,プレーヤー自身の合理的な決定が整合するもの以外は安定な状態 (これを**ゲームの均衡**という) ではないと考える.その意味では,「囚人のジレンマ」ゲームのペイオフ行列でゲームが均衡する状態は2人とも自白するケースだけである.

なお,集団のうちの誰かの利得を減少 (あるいは損害を増大) しなければほかの誰かの利得を高める (あるいは損害を減少する) ことができない状態を**パレート最適** (あるいはパレート効率的) という (図 7.2 参照).表 7.1 のような囚人のジレンマでは均衡となる (α_2, β_2) だけがパレート最適でなく,残りの状態はすべてパレート最適である.何とも皮肉な最適性である.

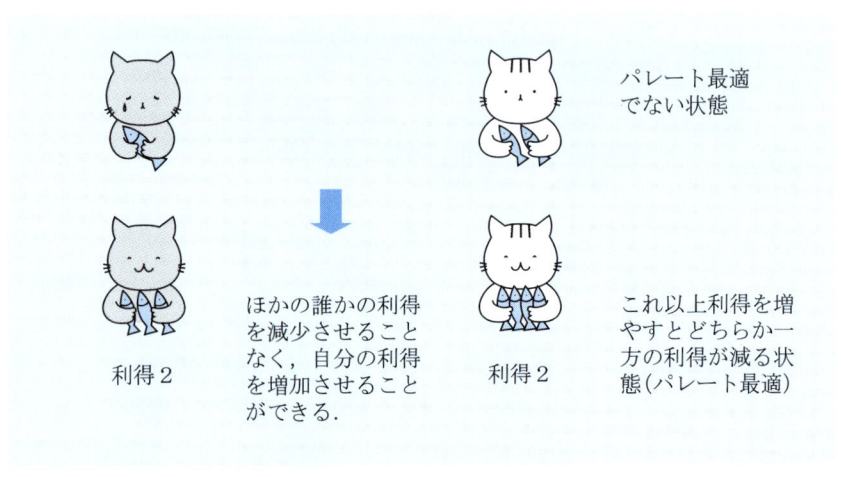

図 7.2 パレート最適の構図

(2) 2人・非協力・ゼロ和ゲーム

2人・非協力・ゼロ和ゲームは最もよく研究されているゲームの形式である．ゼロ和ゲームであるから，プレーヤー A の利得はプレーヤー B の損失になる．したがって，ペイオフ行列の表記は，プレーヤーのどちらか一方の利得を記すだけでよく，簡単になる．例えば，A と B の戦略がそれぞれ α_1 と α_2, β_1 と β_2 の 2 個の場合について，プレーヤー A の利得でペイオフ行列の例を示すと，表 7.2 のようになる．

表 7.2 2人・非協力・ゼロ和ゲームのペイオフ行列の例

A \ B	β_1	β_2	A の最小利得
α_1	3	0	0
α_2	1	2	1
B の最大損失	3	2	

注) 数値はプレーヤー A の利得 (= B の損失) を示す．

どのケースでも利得を得るプレーヤー A については，囚人のジレンマで述べたマックスミン戦略が合理性を持つ．プレーヤー A が α_1, α_2 を選んだ場合の最小利得を表 7.2 の右端の列に示す．これによれば，マックスミン戦略ではプレーヤー A は α_2 を選択することになる．一方，どのケースでも損失のあるプレーヤー B についてはミニマックス戦略が合理性を持つ．プレーヤー B が β_1 と β_2 を選んだ場合の最大損失を表 7.2 の最下行に示す．ミニマックス戦略によってプレーヤー B は β_2 を選択することになる．

表 7.2 のケースでは，プレーヤー A,B のそれぞれの合理的な選択は整合していない．つまり，プレーヤー A は (α_2, β_1) の戦略対を想定して意思決定したのに対し，プレーヤー B は (α_2, β_2) を想定して戦略を決めている．このような状況をゲームが均衡していないという．この場合は結果として (α_2, β_2) が実現するのでプレーヤー A にはうれしい誤算が起きた (利得 1 でも仕方ないと思っていたが 2 が得られる) ことになる．ただし，現実には，両プレーヤーがお互いに相手の合理的な行動原理 (この場合にはマックスミン，ミニマックスという戦略) を想定して行動すると思われるので，このゲームの結末は予想がつかなくなる．これはゲームに均衡点がないことによって生じている．

もちろん，プレーヤーの合理的な戦略が整合してゲームが均衡する場合もある．例えば，表 7.3 のようなペイオフ行列を持つゼロ和ゲームを考えると，(α_3, β_3) の戦略対が両プレーヤーに共通の合理的選択ケースになっている．このような状況をゲームが均衡しているという．つまり，この戦略対において，プレーヤー A にとっては確実に期待できる利益が最大になり，プレーヤー B にとっては起こり得る最大損失が最小になっている．これを数式で表現すると，ペイオフ行列の要素を a_{ij} として，均衡点では $\max_i \min_j a_{ij} = \min_j \max_i a_{ij}$，つまり，列の要素の中では最大であると同時に行の要素の中では最小になっている．これは，**均衡点が鞍点**であることを意味している (図 7.3 参照)．

表 7.3 ゲームの均衡点がある 2 人・非協力・ゼロ和ゲーム

A \ B	β_1	β_2	β_3	A の最小利益
α_1	5	0	0	0
α_2	1	3	2	1
α_3	4	4	3	3
B の最大損失	5	4	3	

注) 表の数値はプレーヤー A の利得 (すなわちプレーヤー B の損失を示す)．

表 7.3 の均衡点 (α_3, β_3) は，プレーヤー A も B も，相手がこの戦略を選択していることを知っても自分の戦略を変える動機がないという意味で安定している．ゼロ和ゲームに限らず，一般にゲームにおけるこのような安定点をゲームの解 (**ナッシュ均衡解**) という[1]．

2 人・非協力・ゼロ和ゲームでは，複数の戦略を確率的に組み合わせる混合戦略を許せばゲームの解が必ず存在する．後で証明するが，これを**ゲーム理論の基本定理**あるいはノイマン定理という．

なお，ゼロ和ゲームの場合には，一方の利得の増加は必ず相手の利得の減少になるのでパレート最適な解はない．

---

[1] ゼロ和ゲームではナッシュ均衡解はミニマックス戦略とマックスミン戦略が整合する鞍点で生じるが，非ゼロ和ゲームでは両者は必ずしも一致しない．7 章の問題 2 を参照されたい．

7.2 よく知られているゲームの構造

（左の吹き出し）戦略対 (α_3, β_3) で確実に期待できる利得が最大になるから僕のマックスミン戦略は α_3 になるな．相手のマックスミン戦略は β_3 で想定通りだから，戦略を変える必要はないな．

（右の吹き出し）戦略対 (α_3, β_3) で確実に期待できる利得が最大になるから僕のマックスミン戦略は β_3 だな．相手のマックスミン戦略は α_3 で想定通りになるからこのままの戦略でいこう．

お互いに同じ戦略対を想定しているので，解が均衡する．

図 7.3 非協力・ゼロ和ゲームにおけるナッシュ均衡解の構図

(3) シュタッケルベルク・ゲーム

プレーヤーが先手と後手に分かれているゲームを**シュタッケルベルク・ゲーム**という．今プレーヤー A が先手とすると，プレーヤー A は後手 B の最適対応戦略を予想して自分の最適戦略を選ぶことができる．表 7.4 のようなペイオフ行列を持つ非協力・非ゼロ和ゲームにおいて，プレーヤー A が先手，プレーヤー B が後手とすると，(α_2, β_3) の戦略対 (A の利得は 3) が選ばれる．なぜなら，α_1 を選べばプレーヤー B は β_2 を選ぶのが最適なので A の利得は 2 となり，α_3 を選べば B は β_2 を選ぶので A の利得はゼロになる．結局 α_2 を選ぶのが A にとって相手の最適戦略を考慮した最適戦略となる．このような意味で，(α_2, β_3) の戦略対を**シュタッケルベルク均衡点**と呼ぶ．なお，プレーヤー B が先手，A が後手の場合は (α_3, β_3) の戦略対がシュタッケルベルク均衡点になる．

表 7.4 シュタッケルベルク・ゲームの例とその均衡点

A＼B	β_1	β_2	β_3
α_1	(9, 5)	(2, 9)	(6, 7)
α_2	(0, 4)	(4, 3)	(3, 5)*
α_3	(8, 8)	(0, 9)	(7, 6)**

注 1) ( ) 内の左が A，右が B の利得．
注 2) ∗ は A が先手の場合の均衡点，∗∗ は B が先手の場合の均衡点．

7.3 ゲーム理論の基本定理

前節 (2) で述べたように，2 人・非協力・ゼロ和ゲームでは，複数の戦略を確率的に組み合わせる混合戦略を許せばゲームの解が必ず存在する．これをゲーム理論の基本定理あるいはノイマン定理という．

プレーヤー A の戦略を α_i $(i=1,\cdots,m)$，プレーヤー B の戦略を β_j $(j=1,\cdots,n)$ とし，それぞれ，その戦略をとる確率を x_i $(i=1,\cdots,m)$, y_j $(j=1,\cdots,n)$ とする．また，ペイオフ行列を表 7.5 とする．

表 7.5 ペイオフ行列

	β_1	$\cdots$	β_n
α_1	α_{11}	$\cdots$	α_{1n}
$\vdots$	$\vdots$	$\ddots$	$\vdots$
α_m	α_{m1}	$\cdots$	α_{mn}

ただし，a_{ij} はプレーヤー A の利得 (=B の損失) を示す．このとき，

$$\sum_{i=1}^{m} x_i = \sum_{j=1}^{n} y_j = 1, \quad x_i,\ y_j \geq 0$$

であり，プレーヤー A のマックスミン原理による最適行動によって確保される利得は，

$$v = \max_{x_i} \left\{ \min \left(\sum_{i=1}^{m} a_{i1} x_i, \cdots, \sum_{i=1}^{m} a_{in} x_i \right) \right\}$$

である．このような x_i $(i=1,\cdots,m)$ は，次の最大化問題の解として得られる．

最大化　v

条　件　$\sum_{i=1}^{m} a_{ij} x_i \geq v \quad (j=1,\cdots,n)$

$\sum_{i=1}^{m} x_i = 1, \quad x_i \geq 0$

ここで，$X_i = x_i/v$ とすると，$\sum_{i=1}^{m} X_i = 1/v$ となるので，上記の最大化問題

は次のように，不等号制約式で表現した標準的な線形計画問題に書き換えられる (なお，ここで，v は正値と仮定し，v の最大化は $z = 1/v$ の最小化で得られるとする．このように仮定しても一般性は失われない)．

$$
\begin{aligned}
\text{最小化} \quad & z = \sum_{i=1}^{m} X_i \\
\text{条　件} \quad & \sum_{i=1}^{m} a_{ij} X_i \geq 1 \quad (j = 1, \cdots, n) \\
& X_i \geq 0
\end{aligned}
\tag{7.1}
$$

ところで，プレーヤー B のミニマックス原理による最適行動も上記と同じ数学形式で書き換えると，(7.1) の双対問題になることがわかる．3 章で述べた線形計画問題の双対性より，主問題と双対問題は最適解を共有する．つまり，

$$
\begin{aligned}
v &= \max_{x_i} \left\{ \min \left(\sum_{i=1}^{m} a_{i1} x_i, \cdots, \sum_{i=1}^{m} a_{in} x_i \right) \right\} \\
&= \min_{y_j} \left\{ \max \left(\sum_{j=1}^{n} a_{1j} y_j, \cdots, \sum_{j=1}^{n} a_{mj} y_j \right) \right\}
\end{aligned}
$$

となり，プレーヤー A と B の最適戦略対は一致する (7 章の問題 3 参照)．

◼ ノイマンとナッシュ

　ゲーム理論の創出に大きな役割を果たしたフォン・ノイマンとジョン・ナッシュはともに天才的数学者だったが，奇行でも知られている．ノイマンは写真的記憶力の持ち主で，8 歳にして微分積分をマスターし数ヶ国語を話せたという．コンピュータの基本原理 (ノイマン型コンピュータ) の発明のほか，原子爆弾の開発や流体力学計算など数多くの分野で超人的業績を残している．しかし，ノイマンは興味のないものには全く無関心で，下品な冗談を好み女性の脚に特に執着したと伝えられる．一方，ナッシュはプリンストン大学の院生の時代にナッシュ均衡を着想し，これをテーマとして 22 歳で学位を得ている．その後，ナッシュは統合失調症と診断され治療を続けたが，1978 年にはノイマン賞，1994 年にはノーベル経済学賞を受賞した．ノイマンとナッシュをモデルにして，それぞれ「博士の異常な愛情」と「ビューティフル・マインド」という映画が製作されヒットした．

7.4 市場の効率性とゲーム理論

(1) 理想的な市場の効率性

市場における商品の需給量は，商品の価格に基づいて決まる．消費者は自分が支払ってもよいと考える価格 (これを WTP (willingness–to–pay), 支払意思額と呼ぶ) より安ければ，その商品を購入する．消費者の需要を WTP の高い順に並べたものが**需要曲線**である．縦軸に価格，横軸に需要量をとって示せば，図 7.4 のように需要曲線は右下がりになる．一方，生産者は商品の価格がそれを生産する費用よりも高ければ生産する．生産者が供給を増やすかどうかの判断は，1 単位の生産量の増分に伴うコスト (これを限界生産コスト MC (marginal cost) と呼ぶ) と商品の価格とを比較し，商品価格が MC より高ければ生産を増やす．したがって，生産者は MC が価格と一致する点まで供給を行う．生産者は費用最小化を行動原理とするから，一般的には MC の小さい順に生産規模を拡大するので，**供給曲線**は右上がりになる．

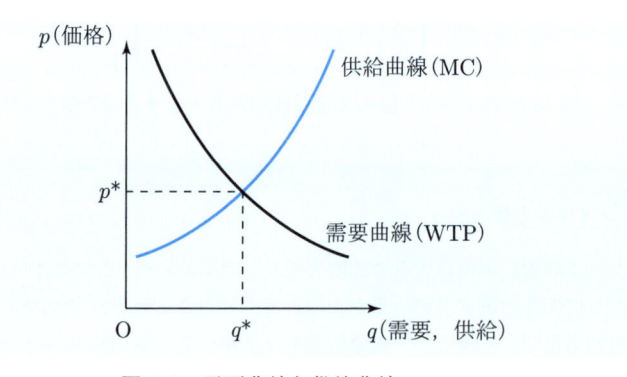

図 7.4 需要曲線と供給曲線

この図で需要曲線と供給曲線が交わる点が市場における**需給均衡点**である．理想的な市場では個々の生産者と消費者いずれも小規模であり，需給均衡点を変化させられないので，市場における商品の価格は所与となる．ここで，理想的な市場における需給均衡点は**社会的に最適**になっている．これを理解するために消費者余剰，生産者余剰という概念から説明しよう．

図 7.5 を見てほしい．まず需要側について考える．価格 p^* で市場が均衡し

7.4 市場の効率性とゲーム理論

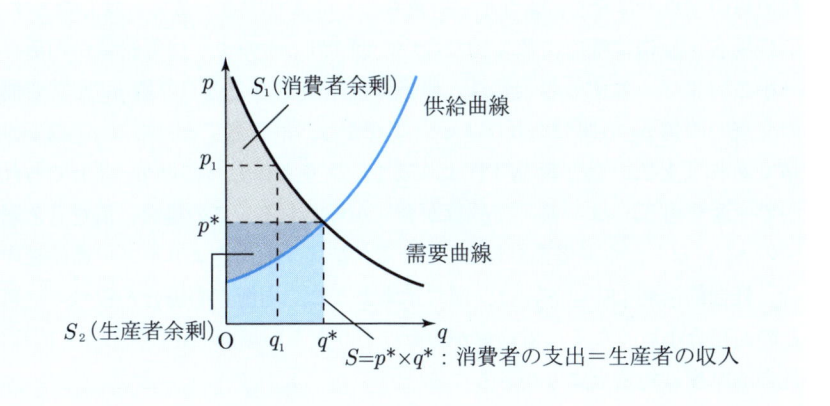

図7.5 消費者余剰と生産者余剰

たとすると，消費者の支払い総額は $p^* \times q^* = S$ となる．しかし，需要曲線は WTP を示しており，例えば価格が p_1 でも q_1 だけは買ったはずで，消費者の支払い意思額 (WTP) の総量は均衡点までの需要曲線の下の面積 $S + S_1$ になる．つまり，消費者は市場の均衡価格で商品を購入することにより，S_1 だけ得したことになる．この S_1 を**消費者余剰** (consumers' surplus) という．なお，$S + S_1$ が消費者の**効用**である．したがって，消費に伴う効用から消費支出を差し引いたものが消費者余剰になる．

一方，生産者から見ると，需給均衡点での取引により S の収入を得るが，その生産に要した費用総額は均衡点までの供給曲線の下の面積となり，図の S_2 分の利益を得ることができる．S_2 を**生産者余剰** (producers' surplus) という．生産者余剰は生産物の販売収入から生産費用を差し引いた利益であり，理解しやすい．なお，後出の図 7.7 のように MC が一定で供給曲線が水平な場合には，理想的な市場の需給均衡点での生産者余剰はゼロである[2]．

消費者余剰と生産者余剰の和を**社会的厚生** (social welfare) というが，理想的な市場の需給均衡点ではこれが最大化される．理想的な市場では社会的厚生は図 7.5 の $S_1 + S_2$ である．一方，図 7.6 に示すように，需給が需要曲線と供

---

[2] なおここでは生産費用における固定費分を無視して変動費だけを考慮する単純化した扱いをしている．

給曲線の交点ではなく，より小さい量もしくはより大きい量で一致したとする．この場合，価格は唯一の値を持たない．図 7.6 (a) のように需給量が均衡点より小さい量で一致する場合には，価格は供給曲線の交点での値 p_1 と需要曲線の交点での値 p_2 の間であればよい．なぜなら，消費者にとっては p_2 以下の価格であれば支払い意志額 WTP より安く，生産者にとっては p_1 以上であれば限界生産費用 MC より高くて採算が合うからである．この場合，消費者余剰は図の S_1' になり，生産者余剰は S_2' となる．結局，均衡点より小さい需給量の場合，社会的余剰 $(S_1' + S_2')$ は，図に示すように，均衡点の場合と較べて三角形 L の面積分小さくなる．需給量が均衡点より大きい場合 (図 7.6 (b)) も同様に，社会的厚生は均衡点より小さくなる．

つまり，理想的な市場における需給均衡点 (需要曲線と供給曲線の交点) は，社会的厚生を最大にするという意味で，社会的に最適になっているのである．つまり，消費者行動も生産者行動も個々の利益や満足を追求しているにもかかわらず，市場を通して社会的な最適点に導かれるのである．これは「神の見えざる手」などと呼ばれるが，理想的な市場が持っている重要な**システム効果**である．

(a)均衡点より小さい需給量の場合 　　(b)均衡点より大きい需給量の場合

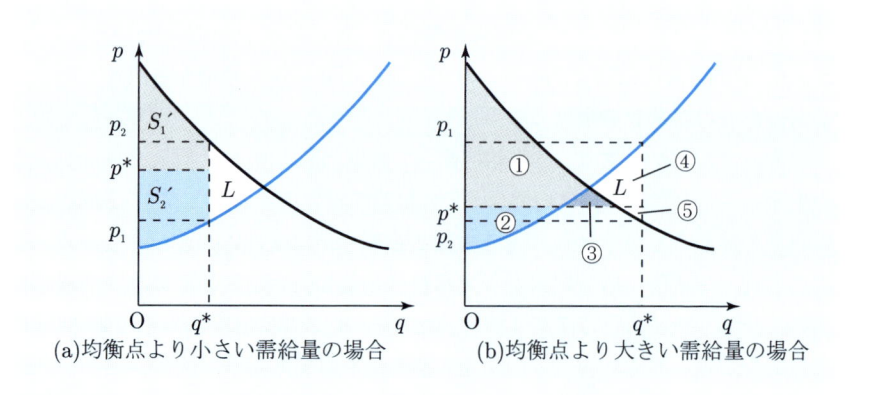

図 7.6 市場均衡点における社会的厚生の最大化

(b) においては，
消費者余剰 ＝ ① ＋ ③ － ⑤
生産者余剰 ＝ ② － ③ － ④
社会的厚生 ＝ ① ＋ ② － (④ ＋ ⑤)
結局，需給均衡点より L の面積分 (④ ＋ ⑤) だけ社会的厚生が減少する．

(2) ゲーム論から見た寡占市場の効率性

さて,現実の市場は理想的な市場とは異なり,無数の小さな消費者と生産者で構成されているわけではない.ここでは,生産者(供給者)が2社でゲーム論的な合理性で行動するとしたら市場の均衡がどうなるか考えてみよう.ここでは,説明を簡単にするために生産者の限界生産費用MCは一定と仮定する.

[例] 需要曲線が,$p(q) = 20 - q$ と直線で,MC $= 8$ の場合(図7.7に示す.この数値例は,松原望「意思決定の基礎」朝倉書店(2001), pp.128-130より借用した)を考えてみよう.この場合,理想的な市場の需給均衡点は,$p^* = 8, q^* = 12$ であり,消費者余剰は72,生産者余剰はゼロ,社会的厚生は72であり,これが社会的に最も効率的な点である.

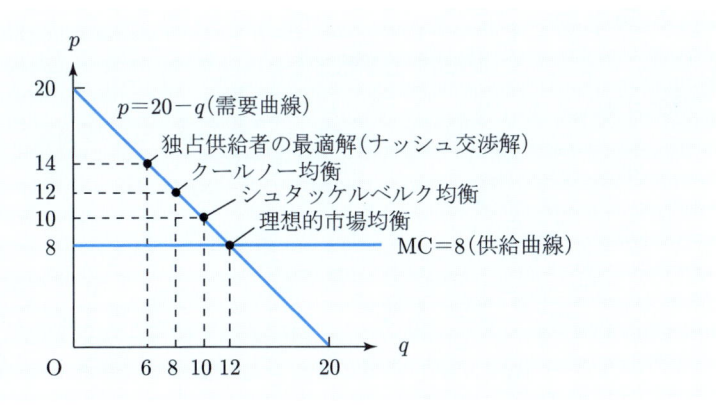

図 7.7 寡占市場におけるゲーム論的均衡点

ここで,生産者が企業Aと企業Bの2社(限界生産費用MCはともに8)だけとする.これを複占という.このとき,それぞれの企業の供給量を q_A, q_B,利益を π_A, π_B とすれば,市場への総供給量を q として,下式が成立する.

$$q = q_A + q_B$$
$$\pi_A(q_A, q_B) = q_A(p(q) - \text{MC}) = q_A(12 - q_A - q_B)$$
$$\pi_B(q_A, q_B) = q_B(p(q) - \text{MC}) = q_B(12 - q_A - q_B)$$

したがって,各企業の最適生産量 q_A^*, q_B^* と,そのときの利益 π_A^*, π_B^* は次のようになる.

$$\pi_A = -q_A^2 - q_A q_B + 12 q_A$$
$$= -\left(q_A - \frac{12 - q_B}{2}\right)^2 + \left(\frac{12 - q_B}{2}\right)^2 \leq \frac{(12 - q_B)^2}{4}$$

より，
$$q_A^* = \frac{12 - q_B}{2}$$
$$\pi_A^* = \frac{(12 - q_B)^2}{4} \tag{7.2}$$

同様にして，
$$q_B^* = \frac{12 - q_A}{2}$$
$$\pi_B^* = \frac{(12 - q_A)^2}{4} \tag{7.3}$$

まず，両企業とも同時に最適戦略をとる場合を考えよう．この場合には次の関係式が成立する．
$$q_A^* = \frac{12 - q_B^*}{2}$$
$$q_B^* = \frac{12 - q_A^*}{2}$$

よって，$q_A^* = q_B^* = 4$ である．このとき，$\pi_A^* = \pi_B^* = 16$ である．このように，複占市場において双方のプレーヤーが最適戦略をとるときのゲームの均衡点を**クールノー均衡**といい，これは**ナッシュ均衡解**である[3]．この市場における均衡点では，需給は総供給 8，価格 12 で均衡し，消費者余剰は 32，生産者余剰は 32，社会的厚生は 64 となる．このとき，理想的市場と比較して，企業は利潤を得ることができるようになるが，消費者余剰は大きく減少し，社会的厚生は下がり，社会的視点からの市場の効率性は損なわれる．

次に，企業 A が先手，企業 B が後手となるシュタッケルベルク・ゲーム論が成立する状況を考えよう．このとき，企業 A は企業 B の最適戦略 (7.3) 式を知っているので，次のように行動する．

最大化　$\pi_A = q_A(12 - q_A - q_B^*) = q_A\left(6 - \frac{q_A}{2}\right)$

---

[3] $q_A = q_B = 2$ の場合も $\pi_A = \pi_B = 16$ となるが，これはナッシュ均衡解ではない．戦略対の安定性を吟味して読者はこれを確認されたい．

7.4 市場の効率性とゲーム理論

これより, $q_A^* = 6$, $\pi_A^* = 18$ となる. また, $q_B^* = 3$, $\pi_B^* = 9$ である. これがこの市場におけるシュタッケルベルク均衡である. このとき, 需給は総供給 9, 価格 11 で均衡し, 消費者余剰は 40.5, 生産者余剰は 27, 社会的厚生は 67.5 となる. つまり, この場合も理想的市場と比較して, 企業は利潤を得ることができるようになるが, 消費者余剰は大きく減少し, 社会的厚生は下がり, 社会的視点から見た市場の効率性は損なわれる. □

ところで, 1 社が供給を独占している場合, 生産者の利益が最大になるのは,

最大化　$\pi = q(p(q) - \mathrm{MC}) = q(12 - q)$

より, $q^* = 6$ である. また, $\pi^* = 36$ となる. このような独占供給者が存在する場合には, 需給は総供給 6, 価格 14 で均衡し, 消費者余剰は 18, 生産者余剰は 36, 社会的厚生は 54 となる. 供給者が 2 社の場合のシュタッケルベルク均衡やクールノー均衡と比較して, 企業側の利潤がより大きく, 消費者余剰はより小さくなり, 社会的厚生もより小さくなる.

なお, 生産者が 2 社の場合も両者が協力して合計利益を最大にするよう行動すれば, 独占供給者と同じ額の利益を達成することができる. この協力によって最大化された利益を半分ずつ分けると 1 社当たりの利益は 18 になり (このように協力して最大の利益を得て分け合う解を**ナッシュ交渉解**という), クールノー均衡やシュタッケルベルク均衡で得られる利益よりも大きく (厳密にはシュタッケルベルク均衡の先手の場合とは同額) なる. ナッシュ交渉解のほうが双方にとって利益が大きいので, クールノー均衡もシュタッケルベルク均衡もパレート最適ではない.

このように, ゲーム理論は経済学分野においても重要な研究手法になっている. もちろん, 現実の社会における様々な決定では, 情報は完全ではないし, プレーヤーの利害も数学的に記述できるような単純なものばかりではない. また, ゲーム論として問題が記述できたとしても, ゲームが均衡点を持たない場合には解と呼べるものが見つからない. しかし, ゲーム理論によって問題そのものに対する理解は格段に深めることができる. このように, 一見すると混沌とした現実に対して問題の基本的なシステム構造を見つけ, 数理的なモデルを構築して解決に寄与することがシステム数理工学の目的である.

7章の問題

1 下記のようなペイオフ行列を持つ非協力ゲームについて各問に答えよ．ただし，A_i は A の戦略，B_i は B の戦略，カッコ内の左側が A の利得，右側が B の利得とする．

	B_1	B_2
A_1	(7, 7)	(5, 2)
A_2	(4, 5)	(8, 9)

(1) ナッシュ均衡解があるかどうか検討し，戦略対を示して意味を説明せよ．また，パレート最適な戦略対をすべて示せ．

(2) 両者がマックスミン戦略をとったときの解を求め，それがナッシュ均衡解，パレート最適な戦略対であるかを確認せよ．

2 下記のようなペイオフ行列を持つ非協力ゲームについて各問に答えよ．
ただし，A_i は A の戦略，B_i は B の戦略，カッコ内の左側が A の利得，右側が B の利得とする．

	B_1	B_2
A_1	(7, 7)	(0, 0)
A_2	(4, 4)	(8, 5)

(1) ナッシュ均衡解があるかどうか検討せよ．また，パレート最適な戦略対をすべて示せ．

(2) 両者がマックスミン戦略をとったときの解を求め，それがナッシュ均衡解，パレート最適な戦略対であるかを確認せよ．

3 本章 7.3 節で述べたプレーヤー B のミニマックス原理による最適行動が (7.1) の双対問題の解となることを定式化して示せ．

4 本章 7.4 節 (2) の 例 において生産者が企業 A,B,C の 3 社 (限界生産費用 MC はともに 8) の場合のクールノー均衡および企業 A が 1 番手，企業 B が 2 番手，企業 C が 3 番手となるシュタッケルベルク解を求めよ．

付　　　録

　システム工学で用いられる概念や手法には様々なものがある．すべてを詳しく知る必要はないが，およそどのようなものであるかを知っておけば，これからの学習に役立つと思われる．本書の本文では触れることができなかったが，類書でよく取り上げられている概念や手法についてここで簡単に解説を加えておく．

A　オペレーションズリサーチ (OR)

　作戦研究とも訳されるオペレーションズリサーチ (OR：operations research) は第2次世界大戦中に生まれた．ドイツの爆撃機や潜水艦の攻撃に対してイギリス軍はレーダーや高射砲，護衛艦隊，対潜水艦爆雷などで応じたが，その際，著名な数学者や物理学者を集めて防衛体制の運用についてシステマティックな研究を行った．これが OR の誕生である．兵器というハードに対してその運用というソフトに注目した OR は実戦において大きな成果をもたらしたという．この OR の考え方は米国にも直ちに伝えられ，戦争が終ると企業経営面でも OR の考え方が生かされるようになり，経営科学あるいは経営工学として，特に米国において大きく発展した．

　科学的に合理的な意思決定を導く手法を体系化した学問領域という点で，OR とシステム工学は内容的にはほとんど同じといってよいだろう．システム工学が歴史的に最初に認知されたときの名前が OR だったと考えられる．本書では学問分野の名称としては，OR よりも一般性があるシステム工学という用語を用いた．

B　グラフ理論

　本書の第4章「特殊線形計画問題」で説明した輸送問題とネットワーク・フロー問題はグラフ理論と密接な関係がある．グラフ理論の端緒として知られているエピソードはケーニヒスベルクの橋の問題である．これは，図 B.1 のような7つの橋について同じ橋を2度渡ることなくすべての橋を1度ずつ渡るような散歩のしかたがあるかという問題である．

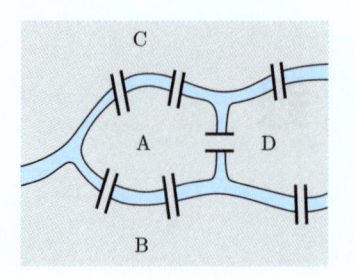

図 B.1　ケーニヒスベルクの橋の問題

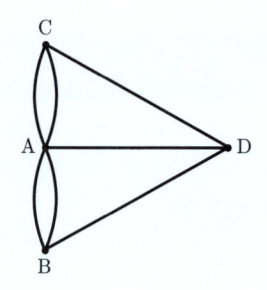

図 B.2　ケーニヒスベルクの橋の問題のグラフ

　この問題に解を与えたのはオイラーであり，18世紀半ばのことである．オイラーはこの問題を図 B.2 のような点と線からなる図 (これをグラフという) を描いて表現した．ケーニヒスベルクの橋の問題は，この 4 つの点と 7 本の線からなるグラフを一筆書きで描けるかという問題で，「できない」が正解である．その理由は，一筆書きができるためには始点と終点以外の点では入った線は必ず出ていかなければならないのでその点に偶数個の線が結ばれていなければならないが，この図では 4 つの点すべてが奇数個の線で結ばれているからである．

　グラフ理論は数学の一分野として展開し，線が方向性を持つ有向グラフが定義され，グラフの単位としての「木 (tree)」や「補木 (link)」などの概念が導入されている．また，4.2 節で説明したカットなども定義されている．グラフ理論は本書の第 4 章で説明した輸送問題やネットワーク・フロー問題の外にも，電気回路網解析などで活用されている．

C 最適解の感度解析

標準形の線形計画問題 $\{z = cx \to$ 最小化, $Ax = b, \ x \geq 0\}$ において，c, b などのパラメータが変化した場合に最適解がどのように変化するかを解析することを感度解析という．

感度解析においては，問題設定におけるパラメータの変化が，最適解の基底変数の組合せを変化させるかどうか，つまり，最適な端点が変化するかどうかの判定が重要である．最適解の基底変数の組合せが変化しない場合には，c の変化はそのうちの基底変数の係数の変化が目的関数の値に影響するだけであるが，b の変化は 3.4 節で説明したように最適解のシンプレックス乗数 (シャドープライス) を通して目的関数の値を変化させる．なお，最適な基底解が変化するかどうかの判定は，3.1 節で示した最適性の条件 (非負条件を含む) を用いて行う．最適解の基底変数の組合せを変えるような大きな変化がある場合には，新たな基底変数について目的関数の値を再計算することが必要になる．

D 包絡分析法 (DEA)

包絡分析法 (DEA：data envelopment analysis) は複数の入力と複数の出力を持つシステムの効率を相対評価する手法である．企業経営では人，モノ，カネ，時間など種々の経営資源を投入して製品やサービスを提供する．この入出力プロセスの効率は入出力比が指標となるが，一般に入力と出力は様々な属性を持つので，それぞれに重みをつけて集計して入出力比を計算する．例えば，自動車開発についていくつかの開発計画の効率を比較するとする．それぞれの開発計画の入力は研究開発費と人員，出力となる製品は燃費，スピード，安全性，スタイル，価格などの指標で評価される．これらは単純には合計できない種々の属性を持っている．DEA はそのような場合に，入出力の各属性に重みをつけて集計して入出力比を計算し，各開発計画間で比較する．このときの重みの選択に DEA の特徴がある．

DEA では，それぞれの計画案ごとに，その計画案がほかの計画案と比べて最も有利に評価されるように入力と出力の属性に関する重みを選ぶ．これらの重みは線形計画問題の解として求めることができる．このように選んだ重みを用いて評価した結果，当該計画案が最も効率的となればこの計画は DEA 効率的と呼ばれる．一方，当該計画が最も有利になるように重みを選んだにもかかわらずこの計画が最も効率的とならない場合は，DEA 非効率的であるという．また，この重みの下で最も効率的と評価された計画案 (当該計画が DEA 効率的であれば含まれるが，そうでなければ当該計

画は含まれない) の集合を参照集合という．最も有利な重みの下でも効率が参照集合に劣ると評価される DEA 非効率な計画は言い訳ができないことになる．また数多くの参照集合に繰り返し現れる計画案は多くの異なる重みの下でも効率的と評価される特に優秀な計画である．このような分析を行うことで，多次元の入出力システムの効率について，効率を高めている原因の理解，あるいは効率改善のための対策などについて有益な情報が得られる．

E　モダンヒューリスティックス

ヒューリスティックス (heuristics) の語源は，アルキメデスのユーレカ (ギリシャ語で「われ発見せり」) といわれている．逸話によれば，王冠の金の純度を計る方法を考え悩んでいた彼が風呂場で閃いて有名なアルキメデスの原理を発見したとき，喜びのあまり裸で駆け出してユーレカと叫んだという．このように，関連する知識をベースに色々と考えをめぐらせて答を発見する経験的な方法をヒューリスティックスという．モダンヒューリスティックスとはそのような経験的な方法をコンピュータの力を借りてよりシステマティックに強力に行う手法である．経験的手法の一般化という意味で**メタヒューリスティックス**とも呼ばれる．これも OR やシステム工学と同様に，どの手法がモダンヒューリスティックスに含まれるのか明確に境界線を引くことはできないが，ここではシステム工学でよく用いられる代表的な手法を簡単に説明しておく．

エキスパートシステム

専門家の知識を論理的に構造化された知識ベースとして蓄積し，推論機構によって問題の答を導くシステムをエキスパートシステムという．**知識工学**と呼ばれることもある．知識ベースの設計や推論機構の構築に様々な工夫が行われ，病気の診断や治療法の選択，プラントの保守・点検結果の判断など幅広い応用分野がある．しかし，人間の知識の曖昧さ，明確に表現しがたい**暗黙知**の存在，専門家の総合的判断の論理表現など，実用化にはまだ多くの課題が残されている．最適化問題の解法においても，大局的な解の所在をエキスパートシステムによって求め，局所的な最適値は数理計画法で判定するというように補完的に利用されることがある．

ニューラルネットワーク

ニューラルネットワークでは，神経細胞をモデル化した多入力・1 出力のユニットを要素としてネットワークを構成する．ユニットは内部状態を持ち入力に応じて内部状態が変化し，内部状態の関数として出力が決まる構造になっている．ニューラルネットワークの最大の特徴は，数多くの入力パターンと出力パターンを用いて学習 (与えた入出力パターンを再現するようユニットの処理関数のパラメータを調整) すること

である.対象とする問題に対してユニットの構成をうまく工夫すれば,このような学習を十分に行ったニューラルネットワークは経験をつんだ専門家のように,未知の状況に対してもおおむね適切に反応するようになる.ニューラルネットワークの学習では,誤差あるいは損失を最小にするパラメータの設定において数理計画法が利用される.ニューラルネットワークの適用分野としては,文字認識などのパターン認識や連想記憶の表現などがあるが,離散変数をとる場合の最適化など数理計画法の解法にも応用できる.

■ モンテカルロ法 ■

モンテカルロ法とは乱数を用いたシミュレーションを何度も行なうことにより近似解を求める計算手法である.様々な使い方がある.例えば,変数やパラメータが確率分布する場合には乱数によってその確率分布を表現して結果の分布を見るという直接的な利用法もある.ゼロと1の間に分布する一様乱数を2個発生させ,その2乗和が1以下になる確率をモンテカルロシミュレーションして,$\pi/4$の近似値を求めるという応用はよく知られている.最適化問題のように,変数$\boldsymbol{x}$の制約領域内での$f(\boldsymbol{x})$の最小値を求める場合には,制約領域をまんべんなくカバーするように乱数を発生させて$f(\boldsymbol{x})$を求め,全体をカバーするランダムな多数の探索の中から$f(\boldsymbol{x})$の最小値を求めれば最適解の近似になる.適用範囲が広く,解析的に解けない問題や通常の数値探索では扱いきれない問題に対しても簡単に適用できるが,高い精度を得ようとすれば計算回数が膨大になってしまうという欠点がある.

■ シミュレーテッドアニーリング法 (焼きなまし法) ■

本書の5.4節の図5.7に示したように,非凸計画問題では局所的な最適解が複数存在して全体としての最適解を求めることが困難な場合が生じる.このような場合に効果を発揮する解法の1つがシミュレーテッドアニーリング法 (simulated annealing；焼きなまし法) である.焼きなまし (アニーリング) とは固体に熱を加えた後,徐々に冷却して内部エネルギーを安定化させる物理プロセスである.高温状態では粒子はエネルギーを得てランダムな状態になり,冷却状態では結晶のように粒子は規則性を持ちエネルギー的に低位で安定な配列になる.冷却のさせ方によっていくつか異なる安定状態が生じるが,その安定なエネルギー水準には差が存在する.つまり,1つの安定状態は局所的な最適解に相当する.

シミュレーテッドアニーリング法とはこの焼きなましのプロセスを類推させるものである.まず初期解と初期温度を設定し近傍の解を生成する.近傍の解の目的関数が改善する場合は無条件でその解を残し,悪化する場合も悪化の程度 (エネルギー水準に相当する) と設定温度で決まるボルツマン分布の確率で残す.これを何度も繰り返して平衡状態 (この中にその設定温度の下でエネルギー水準が最小となる最適解が含

まれる) を求め，平衡状態になれば設定温度を下げて，再び探索を繰り返す．このようにして，目的関数が改善されない解も保持しつつ徐々に最適解を改善していく．近傍の解の生成法は問題によって工夫する必要があるが，設定温度を高くすることで大きな領域の探索が可能となり，局所解に陥らず大域的な最適解の探索が可能になる．

■ タブー探索 ■

タブー探索 (tabu search) はモンテカルロ法のようにランダムに解を探索する手法と目的関数を改善する数値探索法を組み合わせたものであるが，単純にランダムに解を探索するのではなく，探索の方向について忌避 (タブー) を設定するところに特徴がある．タブーの設定法は問題ごとに工夫する必要があるが，一般に，一度見つけた局所解の方向は探索しない，目的関数を改善する方向が見つかれば逆戻りはしない，同じ領域を繰り返し探索しないなど種々のタブーが設定される．タブーは探索の途中で更新され，探索があらかじめ設定した回数を上回るか，タブーに囲まれて探索する方向がなくなったときに探索を打ち切って近似解を求める．このようにして局所解を求めつつ広域的な最適解を探索する．

■ 遺伝的アルゴリズム (GA) ■

生命の進化の駆動力である遺伝子の自然淘汰を模擬した最適解の探索方法を遺伝的アルゴリズム (GA：genetic algorithm) という．GA では対象とする問題の変数をいくつかのパラメータの集合 (ストリングと呼ぶ) で符号化する．ストリングが遺伝子に相当する．複数の初期ストリングを設定し，再生産，交叉，突然変異などの操作によって次世代のストリングを生成する．そして，目的関数に照らして次世代に生き残るストリングを選択する．変数に制約領域が存在する場合には，ストリングの構成を工夫して制約を満たすか，**ペナルティ関数** (変数が制約領域外にはみ出したときに目的関数が大幅に悪化するように罰則を課す関数) を設定して対応する．

再生産では，目的関数によりよく適合するストリングを次世代により多く残す．交叉では，生き残ったストリングの2つを選び，符号を途中から交換して新しいストリングを生成する．突然変異では，生き残ったストリングの任意の1つの符号を一定の低い確率で変化させる．このようにストリング (遺伝子) の多様性を維持しつつ目的関数を改善するものを絞り込む．このようにして次々と次世代のストリングを生成していき，上限として定めた世代数で計算を打ち切る．そして生き残ったストリングの中で最も目的関数の優れたもので最適解を近似する．このように，生物が多様性によって様々な環境に適合して進化してきたように，局所解に陥ることなく大局的な最適解に近づくことが可能になる．

以上のように，ヒューリスティックな手法は様々に工夫されており，従来の手法では解けなかった複雑な最適化問題にも取り組めるようになってきている．

問題解答

第2章

1 (1) 制約領域の凸性とは，制約領域内にある任意の計画変数 $\boldsymbol{x}_1, \boldsymbol{x}_2$ について，その内分点も制約領域内にあるということである．図に示すように (b) および (c) は $\boldsymbol{x}_1, \boldsymbol{x}_2$ を結ぶ線分上の点 $\boldsymbol{x} = \alpha \boldsymbol{x}_1 + (1-\alpha)\boldsymbol{x}_2$ $(0 \leq \alpha \leq 1)$ で制約領域外に存在するものがあるので凸ではなく非凸である．よって，(a) が正解である．

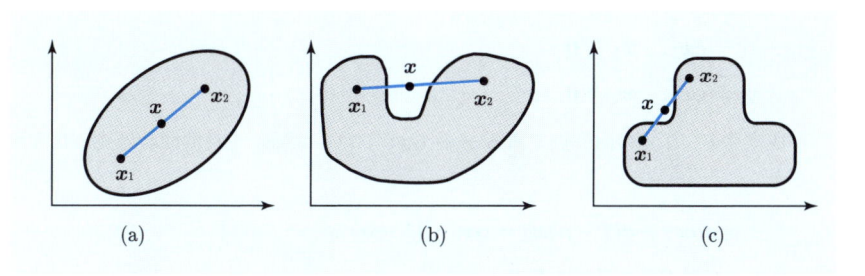

(2) 最小化問題として定式化した目的関数の凸性とは，

$$\alpha f(\boldsymbol{x}_1) + (1-\alpha)f(\boldsymbol{x}_2) \geq f(\alpha \boldsymbol{x}_1 + (1-\alpha)\boldsymbol{x}_2), \quad 0 \leq \alpha \leq 1$$

が成立することである．図に示すように (b) および (c) は $\boldsymbol{x}_1, \boldsymbol{x}_2$ に対応する目的関

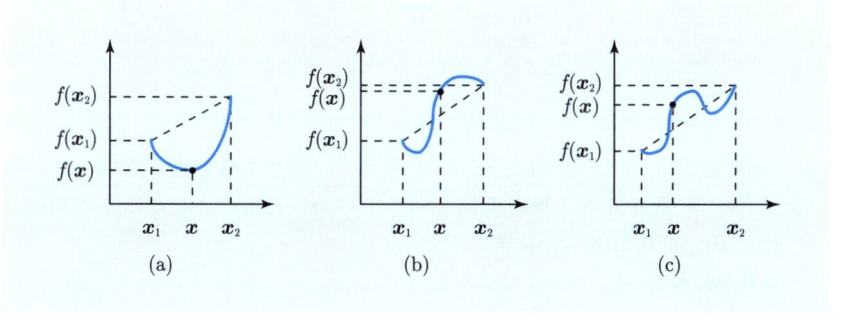

数 $f(\boldsymbol{x}_1), f(\boldsymbol{x}_2)$ を結んだ直線を表す $\alpha f(\boldsymbol{x}_1)+(1-\alpha)f(\boldsymbol{x}_2)$ よりも値が大きくなる点 $\boldsymbol{x}=\alpha\boldsymbol{x}_1+(1-\alpha)\boldsymbol{x}_2$ が存在するので,凸ではない.よって,(a) が正解である.

(3) まず,制約条件の凸性について証明する.制約領域内の任意の 2 点 $\boldsymbol{x}_1, \boldsymbol{x}_2$ について,次式が成立する.

$$A\boldsymbol{x}_1 = \boldsymbol{b}, \quad \boldsymbol{x}_1 \geq \boldsymbol{0}$$
$$A\boldsymbol{x}_2 = \boldsymbol{b}, \quad \boldsymbol{x}_2 \geq \boldsymbol{0}$$

2 点の内分点である $\boldsymbol{x}=\alpha\boldsymbol{x}_1+(1-\alpha)\boldsymbol{x}_2 \ (0\leq\alpha\leq 1)$ を制約条件の式に代入すると

$$A\boldsymbol{x} = A\alpha\boldsymbol{x}_1 + A(1-\alpha)\boldsymbol{x}_2 = \alpha\boldsymbol{b} + (1-\alpha)\boldsymbol{b} = \boldsymbol{b}$$

となり,任意の 2 点の内分点である $\boldsymbol{x}$ についても制約式を満足する.また $\boldsymbol{x}_1\geq\boldsymbol{0}, \boldsymbol{x}_2\geq\boldsymbol{0}$ ならば,$\boldsymbol{x}=\alpha\boldsymbol{x}_1+(1-\alpha)\boldsymbol{x}_2\geq\boldsymbol{0}$ が成立するので非負条件を満たしている.次に目的関数の凸性について証明する.

先程と同様に制約領域内の任意の 2 点 $\boldsymbol{x}_1, \boldsymbol{x}_2$ について,

$$z_1 = \boldsymbol{c}\boldsymbol{x}_1, \quad \boldsymbol{x}_1 \geq \boldsymbol{0}$$
$$z_2 = \boldsymbol{c}\boldsymbol{x}_2, \quad \boldsymbol{x}_2 \geq \boldsymbol{0}$$

が成立する.2 点の内分点である $\boldsymbol{x}=\alpha\boldsymbol{x}_1+(1-\alpha)\boldsymbol{x}_2$ を目的関数の式に代入すると

$$z = \boldsymbol{c}\alpha\boldsymbol{x}_1 + \boldsymbol{c}(1-\alpha)\boldsymbol{x}_2 = \alpha z_1 + (1-\alpha)z_2$$

となり,目的関数の凸性の条件である

$$\alpha f(\boldsymbol{x}_1) + (1-\alpha)f(\boldsymbol{x}_2) = f(\alpha\boldsymbol{x}_1 + (1-\alpha)\boldsymbol{x}_2) \quad (この場合は等号)$$

が成立する.以上のことより線形計画問題の凸性を証明できた.

2 (1) 非負の変数 x^+, x^- を用いて,次のように表現する.

$$x = x^+ - x^-, \quad x^+ \geq 0, \quad x^- \geq 0$$

(2) スラック変数 x_3 を導入することで,次のように表現できる.

$$x_1 + 3x_2 - x_3 = 4, \quad x_1 \geq 0, \quad x_2 \geq 0, \quad x_3 \geq 0$$

(3) 計画変数 n が 3,制約式 m が 1 なので,基底変数の選び方は ${}_nC_m = {}_3C_1 = 3$ 通りある.基底変数をそれぞれ x_1, x_2, x_3 としたときの端点は ①$(2,0,0)$,②$(0,2,0)$,③$(0,0,2)$ となる.

これを図示すると,次のようになる.

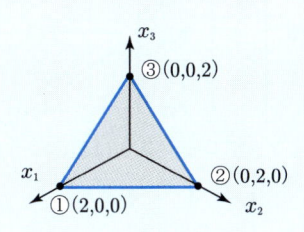

③(0,0,2)

①(2,0,0)   ②(0,2,0)

3 原子力,石炭火力,石油火力,風力による発電量をそれぞれ,x_1, x_2, x_3, x_4 とすると,次のように定式化される.

条　件　$x_1 + x_2 + x_3 + x_4 = 100$

$-x_2 - x_3 + 10x_4 \leq 0, \quad x_2 + 0.7x_3 \leq 26$

$7x_1 + 4x_2 + 3x_3 + 6x_4 \leq 600$

$x_i \geq 0 \quad (i = 1, \cdots, 4)$

最小化　$z = 3000x_1 + 4000x_2 + 6000x_2$

第3章

1　端点 ⑫ の基底変数は x_1, x_2, x_4, x_5,非基底変数は x_3, x_6 である.(3.6) 式より非基底変数の係数ベクトル $\boldsymbol{P}_3$ および $\boldsymbol{P}_6$ は次式のようになる.

$\boldsymbol{P}_3 = x_{13}\boldsymbol{P}_1 + x_{23}\boldsymbol{P}_2 + x_{43}\boldsymbol{P}_4 + x_{53}\boldsymbol{P}_5$

$\boldsymbol{P}_6 = x_{16}\boldsymbol{P}_1 + x_{26}\boldsymbol{P}_2 + x_{46}\boldsymbol{P}_4 + x_{56}\boldsymbol{P}_5$

$$\begin{bmatrix} -1 \\ 0 \\ 0 \\ 0 \end{bmatrix} = \begin{bmatrix} 1 & 1 & 0 & 0 \\ 1 & -1 & 1 & 0 \\ 1 & 2 & 0 & 1 \\ 4 & 1 & 0 & 0 \end{bmatrix} \begin{bmatrix} x_{13} \\ x_{23} \\ x_{43} \\ x_{53} \end{bmatrix}$$

$$\begin{bmatrix} 0 \\ 0 \\ 0 \\ -1 \end{bmatrix} = \begin{bmatrix} 1 & 1 & 0 & 0 \\ 1 & -1 & 1 & 0 \\ 1 & 2 & 0 & 1 \\ 4 & 1 & 0 & 0 \end{bmatrix} \begin{bmatrix} x_{16} \\ x_{26} \\ x_{46} \\ x_{56} \end{bmatrix}$$

これを解くと非基底変数の係数ベクトルが次のように求まる.

$$\begin{bmatrix} x_{13} \\ x_{23} \\ x_{43} \\ x_{53} \end{bmatrix} = \begin{bmatrix} 1/3 \\ -4/3 \\ -5/3 \\ 7/3 \end{bmatrix}, \quad \begin{bmatrix} x_{16} \\ x_{26} \\ x_{46} \\ x_{56} \end{bmatrix} = \begin{bmatrix} -1/3 \\ 1/3 \\ 2/3 \\ -1/3 \end{bmatrix}$$

ここで，$z_j - c_j$ を求めるとシンプレックス表は次のように作成される．

$$z_3 = \boldsymbol{c}_b \boldsymbol{x}_3 = [3,1,0,0] \begin{bmatrix} 1/3 \\ -4/3 \\ -5/3 \\ 7/3 \end{bmatrix} = -1/3, \quad z_3 - c_3 = -1/3 - 0 = -1/3$$

$$z_6 = \boldsymbol{c}_b \boldsymbol{x}_6 = [3,1,0,0] \begin{bmatrix} -1/3 \\ 1/3 \\ 2/3 \\ -1/3 \end{bmatrix} = -2/3, \quad z_6 - c_6 = -2/3 - 0 = -2/3$$

	$\boldsymbol{P}_0$	$\boldsymbol{P}_3$	$\boldsymbol{P}_6$
$\boldsymbol{P}_1$	5/3	1/3	-1/3
$\boldsymbol{P}_2$	4/3	-4/3	1/3
$\boldsymbol{P}_4$	11/3	-5/3	2/3
$\boldsymbol{P}_5$	17/3	7/3	-1/3
	19/3	-1/3	-2/3

2 (1) 目的関数と制約条件を行列表現にすると，次のようになる．

$$\text{最小化} \quad z = [3,\ 2,\ 0,\ 0,\ 0,\ 0] \begin{bmatrix} x_1 \\ x_2 \\ x_3 \\ x_4 \\ x_5 \\ x_6 \end{bmatrix}$$

$$\text{条件} \quad \begin{bmatrix} 7 \\ 4 \\ 6 \\ 4 \end{bmatrix} = \begin{bmatrix} 1 & 1 & 1 & 0 & 0 & 0 \\ 1 & -1 & 0 & 1 & 0 & 0 \\ 1 & 3 & 0 & 0 & -1 & 0 \\ 2 & 1 & 0 & 0 & 0 & -1 \end{bmatrix} \begin{bmatrix} x_1 \\ x_2 \\ x_3 \\ x_4 \\ x_5 \\ x_6 \end{bmatrix}$$

基底変数は x_1, x_2, x_3, x_6, 非基底変数は x_4, x_5 であるので, (3.6) 式より非基底変数の係数ベクトル $\boldsymbol{P}_4$ および $\boldsymbol{P}_5$ は次式のようになる.

$$\boldsymbol{P}_4 = x_{14}\boldsymbol{P}_1 + x_{24}\boldsymbol{P}_2 + x_{34}\boldsymbol{P}_3 + x_{64}\boldsymbol{P}_6$$

$$\boldsymbol{P}_5 = x_{15}\boldsymbol{P}_1 + x_{25}\boldsymbol{P}_2 + x_{35}\boldsymbol{P}_3 + x_{65}\boldsymbol{P}_6$$

$$\begin{bmatrix} 0 \\ 1 \\ 0 \\ 0 \end{bmatrix} = \begin{bmatrix} 1 & 1 & 1 & 0 \\ 1 & -1 & 0 & 0 \\ 1 & 3 & 0 & 0 \\ 2 & 1 & 0 & -1 \end{bmatrix} \begin{bmatrix} x_{14} \\ x_{24} \\ x_{34} \\ x_{64} \end{bmatrix}$$

$$\begin{bmatrix} 0 \\ 0 \\ -1 \\ 0 \end{bmatrix} = \begin{bmatrix} 1 & 1 & 1 & 0 \\ 1 & -1 & 0 & 0 \\ 1 & 3 & 0 & 0 \\ 2 & 1 & 0 & -1 \end{bmatrix} \begin{bmatrix} x_{15} \\ x_{25} \\ x_{35} \\ x_{65} \end{bmatrix}$$

これを解くと非基底変数の係数ベクトルは次のようになる.

$$\begin{bmatrix} x_{14} \\ x_{24} \\ x_{34} \\ x_{64} \end{bmatrix} = \begin{bmatrix} 3/4 \\ -1/4 \\ -1/2 \\ 5/4 \end{bmatrix}, \quad \begin{bmatrix} x_{15} \\ x_{25} \\ x_{35} \\ x_{65} \end{bmatrix} = \begin{bmatrix} -1/4 \\ -1/4 \\ 1/2 \\ -3/4 \end{bmatrix}$$

ここで $z_j - c_j$ を求めるとシンプレックス表は次のように作成される.

	$\boldsymbol{P}_0$	$\boldsymbol{P}_1$	$\boldsymbol{P}_2$	$\boldsymbol{P}_3$	$\boldsymbol{P}_4$	$\boldsymbol{P}_5$	$\boldsymbol{P}_6$
$\boldsymbol{P}_1$	9/2	1	0	0	3/4	−1/4	0
$\boldsymbol{P}_2$	1/2	0	1	0	−1/4	−1/4	0
$\boldsymbol{P}_3$	2	0	0	1	−1/2	1/2	0
$\boldsymbol{P}_6$	11/2	0	0	0	5/4	−3/4	1
	29/2	0	0	0	7/4	−5/4	0

(2)　非基底変数 x_4, x_5 のうち 1 つを基底に入れることで, 隣接する基底解に移る. まず, 非基底変数 x_4 を基底に入れる. このとき, $\min(x_i/x_{i4})\ (x_{i4} > 0)$ を最小にする変数 i を基底から追い出す変数 k とする. $\min(6, 22/5)$ より

$$k = 6$$

となり, x_6 を基底から出す. 基底変数を x_1, x_2, x_3, x_4 として, シンプレックス表を計算する.

	P_0	P_1	P_2	P_3	P_4	P_5	P_6
P_1	9/2	1	0	0	3/4	-1/4	0
P_2	1/2	0	1	0	-1/4	-1/4	0
P_3	2	0	0	1	-1/2	1/2	0
P_6	11/2	0	0	0	5/4	-3/4	1
	29/2	0	0	0	7/4	-5/4	0

	P_0	P_1	P_2	P_3	P_4	P_5	P_6
P_1	6/5	1	0	0	0	1/5	-3/5
P_2	8/5	0	1	0	0	-2/5	1/5
P_3	21/5	0	0	1	0	1/5	2/5
P_4	22/5	0	0	0	1	-3/5	4/5
	34/5	0	0	0	0	-1/5	-5/7

同様に非基底変数 x_5 を基底に入れる．$\min(4)$ より，$k=3$ となるので，x_3 を基底から出す．基底変数を x_1, x_2, x_5, x_6 として，シンプレックス表を計算する．

	P_0	P_1	P_2	P_3	P_4	P_5	P_6
P_1	9/2	1	0	0	3/4	-1/4	0
P_2	1/2	0	1	0	-1/4	-1/4	0
P_3	2	0	0	1	-1/2	1/2	0
P_6	11/2	0	0	0	5/4	-3/4	1
	29/2	0	0	0	7/4	-5/4	0

	P_0	P_1	P_2	P_3	P_4	P_5	P_6
P_1	11/2	1	0	1/2	1/2	0	0
P_2	3/2	0	1	1/2	-1/2	0	0
P_5	4	0	0	2	-1	1	0
P_6	17/2	0	0	3/2	1/2	0	1
	39/2	0	0	5/2	1/2	0	0

(3) 基底変数を x_1, x_2, x_3, x_4 としたときのシンプレックス表において，$z_j - c_j$ がすべて負となっているので，最適解は $x_1 = 6/5$, $x_2 = 8/5$, $x_3 = 21/5$, $x_4 = 22/5$, $z_{\min} = 34/5$ となる．

3 標準形の等号制約式においてゼロだった非基底変数 x_j が値を持つと，$\boldsymbol{P}_j x_j$ が各式に加わる．$\boldsymbol{P}_j x_j$ を右辺に移項すると右辺は $\boldsymbol{b} - \boldsymbol{P}_j x_j$ となり，制約式の右辺が減少したことと等しくなる．シャドープライス $\pi_i = \dfrac{\partial z_0}{\partial b_i}$ は等号制約条件の右辺が 1 単

位変化した場合の目的関数の変化を示しているので，目的関数は $\pi P_j x_j$ だけ減少することになる．これは次のように解釈できる．非基底変数 x_j が値を持って基底に入ると等号制約式が成立しなくなるので，その分基底変数の値が減少する．基底変数の値の減少に対する目的関数の感度が z_j である．このとき，基底変数の値の減少分を等号制約式の右辺が減少したことによる効果とみると，シャドープライスを通して，目的関数が変化するという理解ができる．

4 (1) 目的関数と制約条件を行列で表現すると，次のようになる．

$$\text{最小化}\quad z = [1,\ 1]\begin{bmatrix} x_1 \\ x_2 \end{bmatrix}$$

$$\text{条　件}\quad \begin{bmatrix} 2 & 1 \\ 3 & 7 \end{bmatrix}\begin{bmatrix} x_1 \\ x_2 \end{bmatrix} \geq \begin{bmatrix} 8 \\ 21 \end{bmatrix},\quad x_1, x_2 \geq 0$$

したがって，双対問題は次のように定式化される．

$$\text{最大化}\quad y = [w_1,\ w_2]\begin{bmatrix} 8 \\ 21 \end{bmatrix}$$

$$\text{条　件}\quad [w_1,\ w_2]\begin{bmatrix} 2 & 1 \\ 3 & 7 \end{bmatrix} \leq [1,\ 1],\quad w_1, w_2 \geq 0$$

(2) シンプレックス法第1段により主問題の初期可能基底解を見つける．

まず，スラック変数 x_3, x_4 を追加し，不等号制約式を標準形の等号制約式とする．

条　件　$2x_1 + x_2 - x_3 = 8,\quad 3x_1 + 7x_2 - x_4 = 21$

ただし，このままでは基底形式とはならないのでさらに非負の変数 x_5, x_6 を追加し，$x_5 = 8, x_6 = 21$ を初期可能基底解とする．

条　件　$2x_1 + x_2 - x_3 + x_5 = 8,\quad 3x_1 + 7x_2 - x_4 + x_6 = 21$

最小化　$w = x_5 + x_6$

$x_1, x_2, x_3, x_4, x_5, x_6 \geq 0$

	P_0	P_1	P_2	P_3	P_4
P_5	8	2	1	-1	0
P_6	21	3	7	0	-1
	29	5	8	-1	-1

非基底変数 x_2 を基底に入れる．$\min(8, 3)$ より $k = 6$ となるので，x_6 を基底から出す．

	P_0	P_1	P_6	P_3	P_4
P_5	5	11/7	−1/7	−1	1/7
P_2	3	3/7	1/7	0	−1/7
	5	11/7	−1/7	−1	1/7

非基底変数 x_1 を基底に入れる．$\min(35/11, 7)$ より $k=5$ となるので，x_5 を基底から出す．

	P_0	P_5	P_6	P_3	P_4
P_1	35/11	7/11	−1/11	−7/11	1/11
P_2	18/11	−3/11	2/11	3/11	−2/11
	0	0	0	0	0

ここで $w_{\min} = 0$ つまり新たに導入した変数 x_5 と x_6 がゼロとなったので第1段階が終了し，$x_1 = 35/11$, $x_2 = 18/11$ が原問題の初期可能基底解になる．第2段は目的関数が $z = x_1 + x_2$ → 最小化 となる．

	P_0	P_3	P_4
P_1	35/11	−7/11	1/11
P_2	18/11	3/11	−2/11
	53/11	−4/11	−1/11

シンプレックス表において，$z_j - c_j$ がすべて負となっているので $x_1 = 35/11$, $x_2 = 18/11$, $z_{\min} = 53/11$ が主問題の最適解となる．

次に，双対問題にスラック変数 w_3, w_4 を加え，標準形の等号制約式とする．

条　件　$2w_1 + 3w_2 + w_3 = 1$, 　$w_1 + 7w_2 + w_4 = 1$

最大化　$y = 8w_1 + 21w_2$

$w_3, w_4 \geq 0$

ここで，$w_1 = w_2 = 0$, $w_3 = w_4 = 1$ を初期可能基底解とする．

	P'_0	P'_1	P'_2
P'_3	1	2	3
P'_4	1	1	7
	0	−8	−21

非基底変数 w_2 を基底に入れる．$\min(1/3, 1/7)$ より w_4 を基底から出す．

	P'_0	P'_1	P'_4
P'_3	4/7	11/7	−3/7
P'_2	1/7	1/7	1/7
	3	−5	3

非基底変数 w_1 を基底に入れる．$\min(4/11, 1)$ より w_3 を基底から出す．

	$\boldsymbol{P'}_0$	$\boldsymbol{P'}_3$	$\boldsymbol{P'}_4$
$\boldsymbol{P'}_1$	4/11	7/11	−3/11
$\boldsymbol{P'}_2$	1/11	−1/11	2/11
	53/11	35/11	18/11

シンプレックス表において $z_j - c_j$ がすべて正となっているので，$w_1 = 4/11$, $w_2 = 1/11$, $y_{\max} = 53/11$ が双対問題の最適解となる．以上より $z_{\min} = y_{\max} = 53/11$ であることが確認できた．

(3) $\boldsymbol{\pi} = \boldsymbol{c}_b B^{-1} = [1,\ 1] \begin{bmatrix} 2 & 1 \\ 3 & 7 \end{bmatrix}^{-1} = [4/11,\ 1/11]$ （双対問題の最適解）

(4) 双対シンプレックス法における初期基底解はシンプレックス法のように可能基底解である必要がない．したがって，標準形にした主問題の両辺に -1 を掛けた次式，

$$-2x_1 - x_2 + x_3 = -8, \quad -3x_1 - 7x_2 + x_4 = -21$$

において $x_3 = -8$, $x_4 = -21$ は初期基底解となり得る．シンプレックス表を作成すると次のようになる．

	$\boldsymbol{P}_0$	$\boldsymbol{P}_1$	$\boldsymbol{P}_2$
$\boldsymbol{P}_3$	−8	−2	−1
$\boldsymbol{P}_4$	−21	−3	−7
	0	−1	−1

x_4 を基底から出す．非基底変数は，$\displaystyle\min_{x_{rj}<0} |(z_j - c_j)/x_{rj}|$ となる $j = k$ であるが，$\min(1/3, 1/7)$ より，$k = 2$ となり，x_2 が基底に入る．

	$\boldsymbol{P}_0$	$\boldsymbol{P}_1$	$\boldsymbol{P}_4$
$\boldsymbol{P}_3$	−5	−11/7	−1/7
$\boldsymbol{P}_2$	3	3/7	−1/7
	3	−4/7	−1/7

x_3 を基底から出す．$\min(4/11, 1)$ より $k = 1$ となり，x_1 が基底に入る．

	$\boldsymbol{P}_0$	$\boldsymbol{P}_3$	$\boldsymbol{P}_4$
$\boldsymbol{P}_1$	35/11	−7/11	1/11
$\boldsymbol{P}_2$	18/11	3/11	−2/11
	53/11	−4/11	−1/11

シンプレックス表より，基底変数がすべて可能基底解となったので，$x_1 =$

$35/11$, $x_2 = 18/11$, $z_{\min} = 53/11$ が主問題の最適解となる (双対問題との対応は (2) の双対問題のシンプレックス表を参照).

(5) 標準形にした主問題は次式のようになる.

 条 件 $2x_1 + x_2 - x_3 = 8, \quad 3x_1 + 7x_2 - x_4 = 21$

 最小化 $z = x_1 + x_2$

基底変数が x_2, x_4 のときの, 非基底変数の係数ベクトル $\boldsymbol{P}_1$ および $\boldsymbol{P}_3$ は次式のようになり,

$$\boldsymbol{P}_1 = x_{21}\boldsymbol{P}_2 + x_{41}\boldsymbol{P}_4, \quad \boldsymbol{P}_3 = x_{23}\boldsymbol{P}_2 + x_{43}\boldsymbol{P}_4$$

$$\begin{bmatrix} 2 \\ 3 \end{bmatrix} = \begin{bmatrix} 1 & 0 \\ 7 & -1 \end{bmatrix} \begin{bmatrix} x_{21} \\ x_{41} \end{bmatrix}, \quad \begin{bmatrix} -1 \\ 0 \end{bmatrix} = \begin{bmatrix} 1 & 0 \\ 7 & -1 \end{bmatrix} \begin{bmatrix} x_{23} \\ x_{43} \end{bmatrix}$$

これを解くと非基底変数の係数ベクトルは次のように求まる.

$$\begin{bmatrix} x_{21} \\ x_{41} \end{bmatrix} = \begin{bmatrix} 2 \\ 11 \end{bmatrix}, \quad \begin{bmatrix} x_{23} \\ x_{43} \end{bmatrix} = \begin{bmatrix} -1 \\ -7 \end{bmatrix}$$

シンプレックス表は次のように作成される.

	$\boldsymbol{P}_0$	$\boldsymbol{P}_1$	$\boldsymbol{P}_3$
$\boldsymbol{P}_2$	8	2	-1
$\boldsymbol{P}_4$	35	11	-7
	8	1	-1

51 ページの説明のように, 行と列および符号を入れ替えれば, 双対なシンプレックス表が得られるが, ここでは対応する双対問題の基底解のシンプレックス表を求めて以下のように導出する.

 可能基底解 $[0, 8, 0, 35]$ に対応するシンプレックス乗数を求める.

 $\boldsymbol{\pi} B = \boldsymbol{c}_b$

 $[\pi_1, \ \pi_2] \begin{bmatrix} 1 & 0 \\ 7 & -1 \end{bmatrix} = [1, \ 0]$

これを解いて, $\pi_1 = 1, \pi_2 = 0$ を得る. ここで, $w_1 = 1, w_2 = 0$ を標準形の双対問題の等号制約式に代入すると, $w_3 = -1, w_4 = 0$ となるので, 基底変数は w_1 と w_3 となる. 基底変数が w_1, w_3 のときの, 非基底変数の係数ベクトル $\boldsymbol{P}'_2$ および $\boldsymbol{P}'_4$ は次式のようになり,

$$\boldsymbol{P}'_2 = x_{12}\boldsymbol{P}'_1 + x_{32}\boldsymbol{P}'_3, \quad \boldsymbol{P}'_4 = x_{14}\boldsymbol{P}'_1 + x_{34}\boldsymbol{P}'_3$$

$$\begin{bmatrix} 3 \\ 7 \end{bmatrix} = \begin{bmatrix} 2 & 1 \\ 1 & 0 \end{bmatrix} \begin{bmatrix} x_{12} \\ x_{32} \end{bmatrix}, \quad \begin{bmatrix} 0 \\ 1 \end{bmatrix} = \begin{bmatrix} 2 & 1 \\ 1 & 0 \end{bmatrix} \begin{bmatrix} x_{14} \\ x_{34} \end{bmatrix}$$

これを解くと非基底変数の係数ベクトルは次のように求まる.

$$\begin{bmatrix} x_{12} \\ x_{32} \end{bmatrix} = \begin{bmatrix} 7 \\ -11 \end{bmatrix}, \quad \begin{bmatrix} x_{14} \\ x_{34} \end{bmatrix} = \begin{bmatrix} 1 \\ -2 \end{bmatrix}$$

これを整理すると, 双対シンプレックス表は次のように作成される.

	P'_0	P'_4	P'_2
P'_3	-1	-2	-11
P'_1	1	1	7
	8	8	35

(6)

	P'_0	P'_2	P'_4
P'_1	1	7	1
P'_3	-1	-11	-2
	8	35	8

w_3 を基底から出す. $\min(35/11, 4)$ より非基底変数 w_2 が基底に入る.

	P'_0	P'_3	P'_4
P'_1	$4/11$	$7/11$	$-3/11$
P'_2	$1/11$	$-1/11$	$2/11$
	$53/11$	$35/11$	$18/11$

シンプレックス表より基底変数がすべて可能基底解となったので, $w_1 = 4/11$, $w_2 = 1/11$, $y_{\max} = 53/11$ が双対問題の最適解となる.

第4章

1 (1)

	1	6	2	6
5	1	4	0	0
5	0	2	2	1
5	0	0	0	5

(2) 式 (4.13) より次式が成立する.

$$u_1 + v_1 = c_{11} = 5, \quad u_1 + v_2 = c_{12} = 4, \quad u_2 + v_2 = c_{22} = 8$$

$$u_2 + v_3 = c_{23} = 4, \quad u_2 + v_4 = c_{24} = 7, \quad u_3 + v_4 = c_{34} = 4$$

$u_1 = 0$ を代入すると, シンプレックス乗数は, $u_1 = 0$, $v_1 = 5$, $v_2 = 4$, $u_2 = 4$, $v_3 = 0$, $v_4 = 3$, $u_3 = 1$ と求まる.

2 **step1** 初期可能基底解に対するシンプレックス乗数を計算する.

$$u_1 + v_1 = c_{11} = 3, \quad u_1 + v_2 = c_{12} = 4, \quad u_2 + v_2 = c_{22} = 3$$
$$u_2 + v_3 = c_{23} = 2, \quad u_3 + v_3 = c_{33} = 2, \quad u_3 + v_4 = c_{34} = 1$$

$u_1 = 0$ を代入すると,シンプレックス乗数は,$u_1 = 0$, $v_1 = 3$, $v_2 = 4$, $u_2 = -1$, $v_3 = 3$, $v_4 = 2$, $u_3 = -1$ と求まる.

$z_{ij} = u_i + v_j$ および $z_{ij} - c_{ij}$ は以下のようになる.

$z_{ij} = u_i + v_i$	$v_1 = 3$	$v_2 = 4$	$v_3 = 3$	$v_4 = 2$
$u_1 = 0$	3	4	3	2
$u_2 = -1$	2	3	2	1
$u_3 = -1$	2	3	2	1

$z_{ij} - c_{ij}$	$j = 1$	2	3	4
$i = 1$	0	0	1	2
2	-2	0	0	-1
3	2	-1	0	0

ここで,灰色で示した数値は最適性の条件を満たさない.$z_{ij} - c_{ij}$ が最も大きい x_{31} を基底に入れるよう可能基底解を書き換えると次のようになる.

	3	6	7	4
7	1	6	0	0
5	0	0	5	0
8	2	0	2	4

$z = 45$ (なお,初期可能基底解については $z = 49$)

step2 z_{ij}, $z_{ij} - c_{ij}$ を求めると次のようになる.

$z_{ij} = u_i + v_i$	$v_1 = 0$	$v_2 = 1$	$v_3 = 2$	$v_4 = 1$
$u_1 = 3$	3	4	5	4
$u_2 = 0$	0	1	2	1
$u_3 = 0$	0	1	2	1

$z_{ij} - c_{ij}$	$j = 1$	2	3	4
$i = 1$	0	0	3	4
2	-4	-2	0	-1
3	0	-3	0	0

ここで,x_{14} を基底に入れるよう可能基底解を書き換える.

4 章の問題の解答   **169**

	3	6	7	4
7	0	6	0	1
5	0	0	5	0
8	3	0	2	3

$z = 41$

step3 z_{ij}, $z_{ij} - c_{ij}$ を求めると次のようになる.

$z_{ij} = u_i + v_i$	$v_1 = -1$	$v_2 = 4$	$v_3 = 1$	$v_4 = 0$
$u_1 = 0$	-1	4	1	0
$u_2 = 1$	0	5	2	1
$u_3 = 1$	0	5	2	1

$z_{ij} - c_{ij}$	$j = 1$	2	3	4
$i = 1$	-4	0	-1	0
2	-4	2	0	-1
3	0	1	0	0

ここで, x_{24} を基底に入れるよう可能基底解を書き換える.

	3	6	7	4
7	0	3	0	4
5	0	3	2	0
8	3	0	5	0

$z = 35$

step4

$z_{ij} = u_i + v_i$	$v_1 = 1$	$v_2 = 4$	$v_3 = 3$	$v_4 = 0$
$u_1 = 0$	1	4	3	0
$u_2 = -1$	0	3	2	-1
$u_3 = -1$	0	3	2	-1

$z_{ij} - c_{ij}$	$j = 1$	2	3	4
$i = 1$	-2	0	1	0
2	-4	0	0	-3
3	0	-1	0	-2

ここで, x_{13} を基底に入れるよう可能基底解を書き換える.

	3	6	7	4
7	0	1	2	4
5	0	5	0	0
8	3	0	5	0

$z = 33$

step5

$z_{ij} = u_i + v_i$	$v_1 = 0$	$v_2 = 4$	$v_3 = 2$	$v_4 = 0$
$u_1 = 0$	0	4	2	0
$u_2 = -1$	-1	3	1	-1
$u_3 = 0$	0	4	2	0

$z_{ij} - c_{ij}$	$j = 1$	2	3	4
$i = 1$	-3	0	0	0
2	-5	0	-1	-3
3	0	0	0	-1

ここで，すべての $z_{ij} - c_{ij}$ が ≤ 0 であるので，この可能基底解が最適解である．このとき，$z_{\min} = 33$ となる．

3 (1) ラベリング法で解いた図を示す．

$s \to a \to t : 3$

$s \to t : 4$

$s \to b \to t : 2$

$s \to b \to a \to t : 3$

よって，最大フローは

$3 + 4 + 2 + 3 = 12$

である．

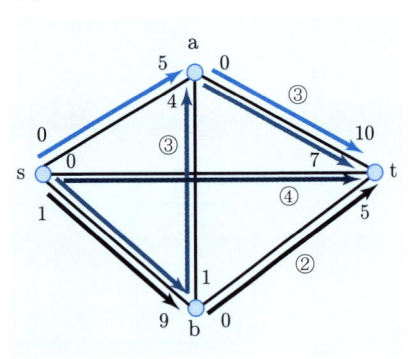

(2)

カット (節点の分割で示す)	カットの値
① $s \mid a, b, t$	13
② $s, a \mid b, t$	17
③ $s, b \mid a, t$	13
④ $s, a, b \mid t$	12

よって，最大フローは 12 である．

(3) ノードをそれぞれ $s \to 0, a \to 1, b \to 2, t \to 3$ とする．接点に流入するフローがマイナスであることと，計画変数ベクトル x の順番が以下のようになっていること (丸数字が順番を示す) に注意し，主問題を定式化する．

条件 $[A \; T] \begin{bmatrix} x \\ s \end{bmatrix} = b$

最小化 $z = c \begin{bmatrix} x \\ s \end{bmatrix}$

x_{00} ①	x_{01} ③	x_{02} ④	x_{03} ⑤
x_{10} ⑥		x_{12} ⑦	x_{13} ⑧
x_{20} ⑨	x_{21} ⑩		x_{23} ⑪
x_{30} ⑫	x_{31} ⑬	x_{32} ⑭	x_{33} ②

ここで，$\boldsymbol{x}$ は 14 次元の変数ベクトルであり，$\boldsymbol{s}$ は 12 次元のスラック変数ベクトルである．

$$\boldsymbol{x}^{\mathrm{T}} = [x_{00}, \ x_{33}, \ x_{01}, \ x_{02}, \ x_{03}, \ x_{10}, \ x_{12},$$
$$\qquad x_{13}, \ x_{20}, \ x_{21}, \ x_{23}, \ x_{30}, \ x_{31}, \ x_{32}]^{\mathrm{T}}$$
$$\boldsymbol{s}^{\mathrm{T}} = [s_{01}, \ s_{02}, \ s_{03}, \ s_{10}, \ s_{12}, \ s_{13}, \ s_{20}, \ s_{21}, \ s_{23}, \ s_{30}, \ s_{31}, \ s_{32}]^{\mathrm{T}}$$

行列 $A, T, \boldsymbol{b}$ および $\boldsymbol{c}$ については次ページに示す．行列 A および T の上部にある変数に対応させると各行は次に示す等号制約を表している．
- 1 行目：始点での流量バランス
- 2 行目：終点での流量バランス
- 3, 4 行目：始点と終点以外の接点での流量バランス
- 5～16 行目：接点間の弧の容量制約

また，等号制約で示した主問題の双対問題は次のようになる．

$$\text{条　件}\quad \boldsymbol{w}[A\ T] \leq \boldsymbol{c}$$
$$\text{最大化}\quad y = \boldsymbol{w}\boldsymbol{b}$$

ここで，$\boldsymbol{w}$ は 16 次元の変数ベクトルである．

$$\boldsymbol{w} = [w_{00}, \ w_{33}, \ w_{11}, \ w_{22}, \ w_{01}, \ w_{02}, \ w_{03}, \ w_{10},$$
$$\qquad w_{12}, \ w_{13}, \ w_{20}, \ w_{21}, \ w_{23}, \ w_{30}, \ w_{31}, \ w_{32}]$$

行列 A および T の左側にある変数に対応させると各列は次に示す不等式制約を表している．
- 1 列目：$w_{00} \leq 0$
- 2 列目：$-w_{33} \leq -1$
- 3～14 列目：$-w_{ii} + w_{jj} - w_{ij} \leq 0$
  $\qquad (i, j = 0, 1, 2, 3, \quad i \neq j)$
- 14～26 列目：$-w_{ij} \leq 0$
  $\qquad (i, j = 0, 1, 2, 3, \quad i \neq j)$

ここで，問題の最適なフローにおいて，フローがある弧 x_{ij} および容量に余裕のある弧のスラック変数 s_{ij} は基底変数となる．基底変数の係数行列ベクトルから構成される正方行列 B を次のように作成する．$\boldsymbol{\pi} B = \boldsymbol{c}_b$ より，シンプレックス乗数 $\boldsymbol{\pi}$ を求めると次のようになる (行列 B の左にある変数を対応させると各列が $\boldsymbol{\pi} B = \boldsymbol{c}_b$ の関係式を表す)．

問題解答

$$B$$

	x_{00}	x_{33}	x_{01}	x_{02}	x_{03}	x_{13}	x_{21}	x_{23}	s_{02}	s_{10}	s_{12}	s_{20}	s_{21}	s_{30}	s_{31}	s_{32}
π_{00}	1	0	-1	-1	-1	0	0	0	0	0	0	0	0	0	0	0
π_{33}	0	-1	0	0	1	1	0	1	0	0	0	0	0	0	0	0
π_{11}	0	0	1	0	0	-1	1	0	0	0	0	0	0	0	0	0
π_{22}	0	0	0	1	0	0	-1	-1	0	0	0	0	0	0	0	0
π_{01}	0	0	-1	0	0	0	0	0	0	0	0	0	0	0	0	0
π_{02}	0	0	0	-1	0	0	0	0	-1	0	0	0	0	0	0	0
π_{03}	0	0	0	0	-1	0	0	0	0	0	0	0	0	0	0	0
π_{10}	0	0	0	0	0	0	0	0	0	-1	0	0	0	0	0	0
π_{12}	0	0	0	0	0	0	0	0	0	0	-1	0	0	0	0	0
π_{13}	0	0	0	0	0	-1	0	0	0	0	0	0	0	0	0	0
π_{20}	0	0	0	0	0	0	0	0	0	0	0	-1	0	0	0	0
π_{21}	0	0	0	0	0	0	-1	0	0	0	0	0	-1	0	0	0
π_{23}	0	0	0	0	0	0	0	-1	0	0	0	0	0	0	0	0
π_{30}	0	0	0	0	0	0	0	0	0	0	0	0	0	-1	0	0
π_{31}	0	0	0	0	0	0	0	0	0	0	0	0	0	0	-1	0
π_{32}	0	0	0	0	0	0	0	0	0	0	0	0	0	0	0	-1
$=$																
c_b	0	-1	0	0	0	0	0	0	0	0	0	0	0	0	0	0

$\pi_{00} = 0, \quad \pi_{33} = 1$

$-\pi_{00} + \pi_{11} - \pi_{01} = 0$

$-\pi_{00} + \pi_{22} - \pi_{02} = 0$

$-\pi_{00} + \pi_{33} - \pi_{03} = 0$

$-\pi_{11} + \pi_{33} - \pi_{13} = 0$

$-\pi_{22} + \pi_{11} - \pi_{21} = 0$

$-\pi_{22} + \pi_{33} - \pi_{23} = 0$

$\pi_{02} = \pi_{10} = \pi_{12} = \pi_{20} = \pi_{21} = \pi_{30} = \pi_{31} = \pi_{32} = 0$

連立方程式を解くと，次のようにシンプレックス乗数を求めることができる．

$\pi_{33} = \pi_{03} = \pi_{13} = \pi_{23} = 1$

$\pi_{00} = \pi_{11} = \pi_{22} = \pi_{01} = \pi_{02} = \pi_{10} = \pi_{12}$
$\quad = \pi_{20} = \pi_{21} = \pi_{30} = \pi_{31} = \pi_{32} = 0$

主問題の最適解に対するシンプレックス乗数は双対問題の最適解であるので，双

対問題の最適解は次式のようになる．

$$y_{\max} = \boldsymbol{w}\boldsymbol{b} = -\sum_{\substack{i,j=0,1,2,3 \\ i \neq j}} w_{ij}r_{ij}$$

$$= -(w_{03}r_{03} + w_{13}r_{13} + w_{23}r_{23}) = -(4+6+2) = -12$$

負号がある目的関数を最大化することはその絶対値を最小化することに等しい．つまり，$w_{03}r_{03} + w_{13}r_{13} + w_{23}r_{23}$ は最小カットを意味する．また，主問題についても負号がある目的関数を最小化することはその絶対値を最大化することに等しい．つまり，$-z_{\min} = x_{33}$ は最大フローを意味し，最適解においてはこれが最小カットに等しいことになる．

第5章

1 (1) $\phi(x_1, x_2, x_3, \lambda) = x_1^2 + x_2^2 + x_3^2 + \lambda(x_1 + x_2 + x_3 - 21)$ として，ϕ を極値にする x^* は，λ の関数として，

$$\frac{\partial \phi}{\partial x_1} = 2x_1 + \lambda = 0 \;\rightarrow\; x_1^* = -\frac{\lambda}{2}$$

$$\frac{\partial \phi}{\partial x_2} = 2x_2 + \lambda = 0 \;\rightarrow\; x_2^* = -\frac{\lambda}{2}$$

$$\frac{\partial \phi}{\partial x_3} = 2x_3 + \lambda = 0 \;\rightarrow\; x_3^* = -\frac{\lambda}{2}$$

となる．これらが制約条件を満たすことより，次式が成立し，

$$x_1^* + x_2^* + x_3^* = -\frac{\lambda}{2} - \frac{\lambda}{2} - \frac{\lambda}{2} = -\frac{3}{2}\lambda = 21$$

$\lambda = -14$ となる．また，このとき，$x_1^* = x_2^* = x_3^* = 7$ であるから，

$$z_{\min} = 7^2 + 7^2 + 7^2 = 147$$

となる．

(2) 制約条件より $x_3 = 21 - x_1 - x_2$．これを目的関数に代入すると，

$$z = x_1^2 + x_2^2 + (21 - x_1 - x_2)^2$$

となる．停留条件は

$$\frac{\partial z}{\partial x_1} = 2x_1 - 2 \times (21 - x_1 - x_2) = 4x_1 + 2x_2 - 42 = 0$$

$$\frac{\partial z}{\partial x_2} = 2x_2 - 2 \times (21 - x_1 - x_2) = 2x_1 + 4x_2 - 42 = 0$$

となり,これよりヘシアンを求める.

$$G = \begin{bmatrix} \dfrac{\partial^2 z}{\partial x_1^2} & \dfrac{\partial^2 z}{\partial x_1 \partial x_2} \\ \dfrac{\partial^2 z}{\partial x_2 \partial x_1} & \dfrac{\partial^2 z}{\partial x_2^2} \end{bmatrix} = \begin{bmatrix} 4 & 2 \\ 2 & 4 \end{bmatrix}$$

より,

$$G^{-1} = \frac{1}{12}\begin{bmatrix} 4 & -2 \\ -2 & 4 \end{bmatrix} = \frac{1}{6}\begin{bmatrix} 2 & -1 \\ -1 & 2 \end{bmatrix}$$

初期値を $\boldsymbol{x}^{(0)} = [0,\ 0]^{\mathrm{T}}$ とすると,(5.31) 式より,

$$\boldsymbol{x}^{(1)} = \boldsymbol{x}^{(0)} - G^{-1}\nabla z_{\boldsymbol{x}=\boldsymbol{x}^{(0)}} = \begin{bmatrix} 0 \\ 0 \end{bmatrix} - \frac{1}{6}\begin{bmatrix} 2 & -1 \\ -1 & 2 \end{bmatrix}\begin{bmatrix} -42 \\ -42 \end{bmatrix} = \begin{bmatrix} 7 \\ 7 \end{bmatrix}$$

求まった x_1, x_2 を制約条件に代入し,次のように解が求まる.

$$x_1^* = x_2^* = x_3^* = 7, \quad z_{\min} = 7^2 + 7^2 + 7^2 = 147$$

2 もし $x_1^* = 0$ なら,(5.24) 式より $0 \geq \lambda_1^* + 2\lambda_2^*$ となる.ここで,λ_i^* は非負であるから,$\lambda_1^* = \lambda_2^* = 0$.これを (5.25) 式に代入すると,$2(x_1^*)^2 + 2(x_2^*)^2 = 0$.よって,$x_1^* = x_2^* = 0$ となる.しかし,これでは制約条件を満たせない.したがって,$x_1^* > 0$ である.同様にして,$x_2^* > 0$ が導ける.

ところで,(5.24) 式が成立すれば,(5.25) 式の第 1 項と第 2 項はともに非負である.よって,$x_1^*(2x_1^* - \lambda_1^* - 2\lambda_2^*) = 0$, $x_2^*(2x_2^* - \lambda_1^* - \lambda_2^*) = 0$ である.ここで,$x_1^* > 0, x_2^* > 0$ であるから,次の式が成立する.

$$2x_1^* - \lambda_1^* - 2\lambda_2^* = 0, \quad 2x_2^* - \lambda_1^* - \lambda_2^* = 0 \tag{1}$$

ここで,もし $\lambda_1^* = 0$ であるとすると,$2x_1^* - 2\lambda_2^* = 0$, $2x_2^* - \lambda_2^* = 0$ となり,

$$x_1^* = 2x_2^* \tag{2}$$

が導かれる.制約条件 $x_1^* + x_2^* \geq 4$ に (2) 式を代入して,$x_2^* \geq 4/3$ となる.このとき,もう 1 つの制約条件 $2x_1^* + x_2^* \geq 5$ については

$$2x_1^* + x_2^* = 5x_2^* \geq 20/3 > 5 \tag{3}$$

となる (等号は成立しない).ところで,制約条件と $\lambda_j^* \geq 0$ より,(5.26) 式の第 1 項と第 2 項はともに ≤ 0 である.よって,次の式が成立する.

$$\lambda_1^*(4 - x_1^* - x_2^*) = 0, \quad \lambda_2^*(5 - 2x_1^* - x_2^*) = 0 \tag{4}$$

ここで,(3) を考慮すると,$\lambda_2^* = 0$ である.結局 $\lambda_1^* = \lambda_2^* = 0$ となるが,この場合,

先ほどと同様に，(5.25) 式により $x_1^* = x_2^* = 0$ となり，制約条件を満たせない．つまり，最初に前提とした $\lambda_1^* = 0$ が誤りであり，$\lambda_1^* > 0$ である．

$\lambda_1^* > 0$ であるから，(4) 式より $4 - x_1^* - x_2^* = 0$ である．ここで，もし，$\lambda_2^* > 0$ であるとすると，(4) 式から，$5 - 2x_1^* - x_2^* = 0$ となり，連立して解くと $x_1^* = 1$, $x_2^* = 3$ となる．このとき，(1) 式は，$2 - \lambda_1^* - 2\lambda_2^* = 0$, $6 - \lambda_1^* - \lambda_2^* = 0$ となり，これより，$\lambda_1^* = 10$, $\lambda_2^* = -4$ となるが，これは $\lambda_j^* \geq 0$ の条件を満たさない．よって，$\lambda_2^* = 0$ である．

以上で，クーン・タッカー条件が成立するのは，$\lambda_1^* > 0$, $\lambda_2^* = 0$, $x_1^* > 0$, $x_2^* > 0$ のときに限られることが示された．このとき，クーン・タッカー条件は，

$$4 - x_1^* - x_2^* = 0, \quad 5 - 2x_1^* - x_2^* \leq 0$$
$$2x_1^* - \lambda_1^* = 0, \quad 2x_2^* - \lambda_1^* = 0$$

となり，これより最適解：$x_1^* = 2$, $x_2^* = 2$, $\lambda_1^* = 4$, $\lambda_2^* = 0$ が導かれる．

3 目的関数は原点からの距離の 2 乗であるので，最適解は下図より $x_1^* = 2$, $x_2^* = 1$, $z_{\min} = 2^2 + 1^2 = 5$ となる．

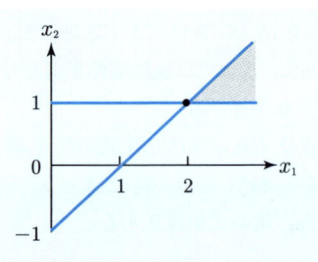

また，最適解が制約領域の境界に存在するので，$\lambda_1^* > 0$, $\lambda_2^* > 0$ であることがわかる．クーン・タッカー定理の条件を適用すると次のようになり，

$$\phi(x, \lambda) = x_1^2 + x_2^2 + \lambda_1(1 - x_2) + \lambda_2(-x_1 + x_2 + 1)$$

$$\sum_{i=1}^{2} \left(\frac{\partial \phi}{\partial x_i}\right)^* x_i^* = 0 \;\to\; (2x_1^* - \lambda_2^*)x_1^* + (2x_2^* - \lambda_1^* + \lambda_2^*)x_2^* = 0$$

$x_1^* > 0$, $x_2^* > 0$ であるから，クーン・タッカー定理が成立するには下式を満たさなければならない．

$$2x_1^* - \lambda_2^* = 0$$
$$2x_2^* - \lambda_1^* + \lambda_2^* = 0$$

ここで $x_1^* = 2$, $x_2^* = 1$ を代入すると,$\lambda_1^* = 6$, $\lambda_2^* = 4$ が得られる.

4 (1) 制約領域は半径 1 の円の内部,目的関数は x_1 の原点からの距離であるので,最適解は下図より $x_1^* = 1$, $x_2^* = 0$, $z_{\min} = -1$ となる.

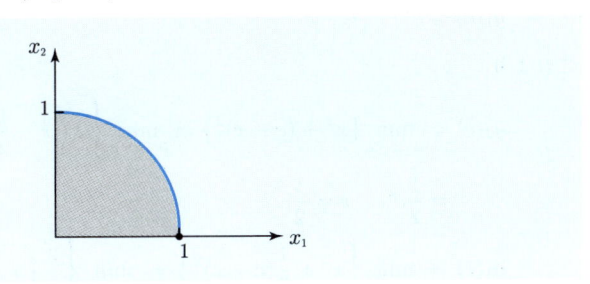

また,最適解が制約領域の境界に存在するので,$\lambda^* > 0$ であることがわかる.クーン・タッカー定理の条件を適用すると次のようになり,

$$\phi(x, \lambda) = -x_1 + \lambda(x_1^2 + x_2^2 - 1)$$

$$\sum_{i=1}^{2} \left(\frac{\partial \phi}{\partial x_i}\right)^* x_i^* = 0 \ \rightarrow \ (-1 + 2\lambda^* x_1^*)x_1^* + (2\lambda^* x_2^*)x_2^* = 0$$

$x_1^* > 0$, $x_2^* = 0$ であるから,クーン・タッカー定理が成立するには次の式を満たさなければならない.

$$-1 + 2\lambda x_1^* = 0$$

ここで $x_1^* = 1$ を代入し,$\lambda^* = 1/2$ が得られる.

(2) 半径を 0.01 増加させると制約条件は次のようになる.

$$x_1^2 + x_2^2 \leq 1.0201, \quad x_1, x_2 \geq 0$$

したがって,$\delta = 0.0201$ となる.前問で求めた $\lambda^* = 1/2$ を用いて,$\lambda^* \delta = 0.01005$. $z_{\min}$ の変化量とほぼ等しくなることを確認できた.

第 6 章

1 問題を次のように定式化し,

条　件　$\sum_{i=1}^{3} x_i = c$

$x_i \geq 0$

最小化　$z = \sum_{i=1}^{3} x_i^2$

次のような関数漸化式を定義する.

$$g_n(c) = \min_{0 \le x \le c} \left(x^2 + g_{n-1}(c-x) \right)$$
$$g_1(c) = c^2$$

これより,

$$g_2(c) = \min_{0 \le x \le c} \left\{ x^2 + (c-x)^2 \right\} = \min_{0 \le x \le c} \left\{ 2\left(x - \frac{1}{2}c\right)^2 + \frac{1}{2}c^2 \right\}$$
$$= \frac{1}{2}c^2, \quad x = \frac{1}{2}c$$
$$g_3(c) = \min_{0 \le x \le c} \left\{ x^2 + \frac{1}{2}(c-x)^2 \right\} = \min_{0 \le x \le c} \left\{ \frac{3}{2}\left(x - \frac{1}{3}c\right)^2 + \frac{1}{3}c^2 \right\}$$
$$= \frac{1}{3}c^2, \quad x = \frac{1}{3}c$$

となる.ここで,$c = 21$ を代入すると,$z_{\min} = g_3(21) = 147$,$x_1 = x_2 = x_3 = 7$ と解が求まる.

2 後進型においては i 段の状態から終点に至る最適経路を記憶し,それぞれの状態について $i-1$ 段からの最適経路の比較を順次行う.つまり,1 期間前の状態変数の各々について,その期間から終点に至る最適経路が決定する.

これを例題にあてはめてみると,期間 t において 1 期間前の状態変数は $t-1$ 月の月末の在庫 s_{t-1} となる.したがって,期間 t から終点 N に至る総営業経費の最小値を $G_t(s_{t-1})$ とすると,

$$G_t(s_{t-1}) = \min_{x_t} \left(f(x_t) + G_{t+1}(s_t) \right)$$

ここで,状態方程式 $s_t = s_{t-1} + a_t - x_t$ を用いると,

$$G_t(s_{t-1}) = \min_{x_t} \left(f(x_t) + G_{t+1}(s_{t-1} + a_t - x_t) \right)$$

となる.

期間 3 の状態方程式および漸化式は次のようになる.

$$s_3 = s_2 + a_3 - x_3$$
$$= s_2 + 8 - x_3 = 8$$
$$\to x_3 = s_2$$
$$G_3(s_2) = f(x_3)$$
$$= 1 + x_3^2 = 1 + s_2^2$$

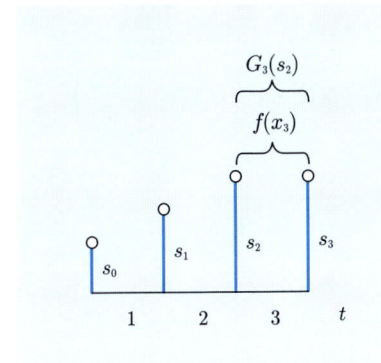

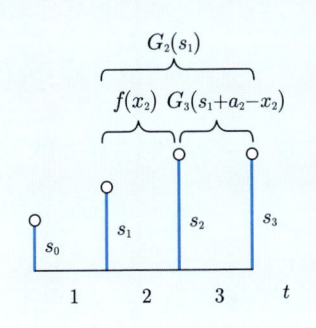

期間 3 における関数漸化式の説明　　　期間 2 における関数漸化式の説明

ここで，状態制約 $2 \leq s_2 \leq 10$ より $2 \leq x_3 \leq 10$ である．

期間 2 についても同様に状態方程式と漸化式を求める．

$$s_2 = s_1 + a_2 - x_2 = s_1 + 11 - x_2$$

$$\begin{aligned} G_2(s_1) &= \min_{x_2}\left(f(x_2) + G_3(s_2)\right) = \min_{x_2}\left(f(x_2) + G_3(s_1 + 11 - x_2)\right) \\ &= \min_{x_2}\left\{1 + x_2^2 + 1 + (s_1 + 11 - x_2)^2\right\} \\ &= \min_{x_2}\left\{2 + x_2^2 + (s_1 + 11 - x_2)^2\right\} \\ &= \min_{x_2}\left\{2 + x_2^2 + (s_1 + 11)^2 - 2x_2(s_1 + 11) + x_2^2\right\} \\ &= \min_{x_2}\left\{2\left\{x_2^2 - x_2(s_1 + 11)\right\} + (s_1 + 11)^2 + 2\right\} \\ &= \min_{x_2}\left\{2\left\{x_2 - \frac{1}{2}(s_1 + 11)\right\}^2 + \frac{1}{2}(s_1 + 11)^2 + 2\right\} \\ &= \frac{1}{2}s_1^2 + 11s_1 + \frac{125}{2} \end{aligned}$$

$$x_2 = \frac{s_1 + 11}{2}$$

ここで，状態制約 $2 \leq s_1 \leq 10$ と x_2 が非負であることを考慮する必要がある．

期間 1 についても同様に次のようになる．

$$s_1 = s_0 + a_1 - x_1 = 4 + 9 - x_1 = 13 - x_1$$

$$\begin{aligned} G_1(s_0^*) &= \min_{x_1}\left(f(x_1) + G_2(s_1)\right) = \min_{x_1}\left(f(x_1) + G_2(s_0^* + 9 - x_1)\right) \\ &= \min_{x_1}\left(f(x_1) + G_2(13 - x_1)\right) \end{aligned}$$

$$\begin{aligned}
&= \min_{x_1}\left\{1 + x_1^2 + \frac{1}{2}(13-x_1)^2 + 11\times(13-x_1) + \frac{125}{2}\right\} \\
&= \min_{x_1}\left\{1 + x_1^2 + \frac{1}{2}\left(169 - 26x_1 + x_1^2\right) + 143 - 11x_1 + \frac{125}{2}\right\} \\
&= \min_{x_1}\left\{\frac{3}{2}x_1^2 - 24x_1 + 291\right\} \\
&= \min_{x_1}\left\{\frac{3}{2}(x_1-8)^2 + 195\right\} \\
&= 195 = z_{\min}
\end{aligned}$$

$x_1^* = 8$

なお,解 x_1^* は状態制約 $2 \leq s_0 \leq 10$ と非負条件を満足している.

$$\begin{aligned}
z_{\min} = G_1(s_0^*) &= 1 + 8^2 + \frac{1}{2}(13-8)^2 + 11\times(13-8) + \frac{125}{2} \\
&= 65 + \frac{25}{2} + 55 + \frac{125}{2} \\
&= 195
\end{aligned}$$

となる.また,状態方程式より,それぞれの期間の在庫量と販売数を求めると次のようになる.

$$\begin{aligned}
s_1^* &= 13 - x_1^* = 13 - 8 = 5 \\
x_2^* &= \frac{s_1^* + 11}{2} = \frac{5+11}{2} = 8 \\
s_2^* &= s_1^* + 11 - x_2^* = 5 + 11 - 8 = 8 \\
x_3^* &= s_2^* = 8
\end{aligned}$$

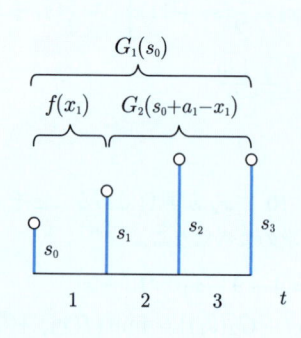

期間 1 における関数漸化式の説明

以上で，前進型と同様の最適解 ($x_1^* = x_2^* = x_3^* = 8$, $z_{\min} = 195$) を得ることができた．

3 (1) 状態方程式および漸化式は次のようになる．

$$s_1 = s_0 - a_1 + x_1 = s_0 - 6 + x_1 = -1 + x_1$$
$$s_2 = s_1 - a_2 + x_2 = s_1 - 11 + x_2$$
$$s_3 = s_2 - a_3 + x_3 = s_2 - 2 + x_3 = 10$$
$$F_1(s_1) = f(x_1) = 4 + (s_1 + 1)^2$$

ここで状態制約：$0 \leq s_1 \leq 10$ より，$1 \leq x_1 \leq 11$ である．

$$F_2(s_2) = \min_{x_2}(f(x_2) + F_1(s_1)) = \min_{x_2}(f(x_2) + F_1(s_2 + 11 - x_2))$$
$$= \min_{x_2}\left\{4 + x_2^2 + 4 + (s_2 + 12 - x_2)^2\right\}$$
$$= \min_{x_2}\left\{2 \times \left(x_2 - \frac{s_2 + 12}{2}\right)^2 + \frac{1}{2}s_2^2 + 12s_2 + 80\right\}$$
$$= \frac{1}{2}s_2^2 + 12s_2 + 80, \quad x_2 = \frac{s_2 + 12}{2}$$

ここで，状態制約：$0 \leq s_2 \leq 10$ と x_2 が非負であることを考慮する必要がある．

$$F_3(s_3) = \min_{x_3}(f(x_3) + F_2(s_2)) = \min_{x_3}(f(x_3) + F_2(s_3 + 2 - x_3))$$
$$= \min_{x_3}\left\{4 + x_3^2 + \frac{1}{2}(s_3 + 2 - x_3)^2 + 12 \times (s_3 + 2 - x_3) + 80\right\}$$
$$= \min_{x_3}\left\{\frac{3}{2}\left(x_3 - \frac{s_3 + 14}{3}\right)^2 + \frac{1}{6}(2s_3^2 + 56s_3 + 464)\right\}$$
$$= \frac{1}{6}(2s_3^2 + 56s_3 + 464), \quad x_3 = \frac{s_3 + 14}{3}$$

$s_3^* = 10$ より $x_3^* = \dfrac{s_3^* + 14}{3} = 8$, $F_3(s_3^*) = F_3(10) = 204 = z_{\min}$

なお，解 x_3^* は状態制約：$0 \leq s_3 \leq 10$ と非負条件を満足している．
また，状態方程式より，$s_2^* = s_3^* + 2 - x_3^* = 10 + 2 - 8 = 4$, $x_2^* = \dfrac{s_2^* + 12}{2} = 8$
同じく，$s_1^* = s_2^* + 11 - x_2^* = 4 + 11 - 8 = 7$, $x_1^* = 1 + s_1^* = 1 + 7 = 8$ となる．これで最適解 ($x_1^* = x_2^* = x_3^* = 8$, $z_{\min} = 204$) が得られた．

(2) 時点 2 までの漸化式は同じ．

$$F_3(s_3) = \min_{x_3}(f(x_3) + F_2(s_2)) = \min_{x_3}(f(x_3) + F_2(s_3 + 2 - x_3))$$
$$= \min_{x_3}\left\{2 + \frac{1}{2}x_3^2 + \frac{1}{2}(s_3 + 2 - x_3)^2 + 12 \times (s_3 + 2 - x_3) + 80\right\}$$

$$= \min_{x_3}\left\{\left(x_3 - \frac{s_3+14}{2}\right)^2 + \frac{1}{4}s_3^2 + 7s_3 + 59\right\}$$

$$= \frac{1}{4}s_3^2 + 7s_3 + 59, \quad x_3 = \frac{s_3+14}{2}$$

$s_3^* = 10$ より $x_3^* = \dfrac{s_3^* + 14}{2} = 12, \quad F_3(s_3^*) = F_3(10) = 154 = z_{\min}$

また,状態方程式より,$s_2^* = s_3^* + 2 - x_3^* = 10 + 2 - 12 = 0, \quad x_2^* = \dfrac{s_2^* + 12}{2} = 6.$

同じく,$s_1^* = s_2^* + 11 - x_2^* = 0 + 11 - 6 = 5, \ x_1^* = 1 + s_1^* = 1 + 5 = 6$ となる.

これで最適解 $(x_1^* = x_2^* = 6,\ x_3^* = 12,\ z_{\min} = 154)$ が得られた.

4 最大原理とは,$\dfrac{dx}{dt} = g(x, u, t)$ の制約条件下で,$\displaystyle\int_0^T f(x, u, t)dt \to$ 最大化 という問題の解が,ハミルトニアン:$H = f(x, u, t) + \lambda(t)g(x, u, t)$ として,次の2条件を満たすということである.

$$\frac{\partial H}{\partial u} = 0, \quad \frac{d\lambda}{dt} = -\frac{\partial H}{\partial x} \quad (0 \le t \le T)$$

この2条件は以下のように導ける.

step1 期間 $(0, T)$ を Δ 間隔に N 等分して離散化して問題を近似する.

$$t_i = i\Delta \quad (i = 0, \cdots, N, \quad \Delta = T/N)$$
$$x_i = x(t_i), \quad u_i = u(t_i)$$

このとき,状態方程式は次のように近似できる.

$$(x_{i+1} - x_i)/\Delta = g(x_i, t_i, u_i) \quad (i = 0, \cdots, N-1)$$
$$\therefore \ x_{i+1} - x_i - \Delta g(x_i, t_i, u_i) = 0 \quad (i = 0, \cdots, N-1) \tag{1}$$

また,最大化する目的関数を I とすれば,次のように近似できる.

$$I = \sum_{i=0}^{N-1} f(x_i, t_i, u_i)\Delta \tag{2}$$

こうして元の問題は,(1) 式の N 本の制約条件式の下で,(2) 式で定義される I を最大にする x_i, u_i を求める問題に帰着する.

step2 ラグランジュ未定乗数法により解の必要条件を導く.

(1) 式の N 本の制約式に対して N 個のラグランジュ乗数 λ_i $(i = 0, \cdots, N-1)$ を導入し,

$$V = \sum_{i=0}^{N-1} f(x_i, t_i, u_i)\Delta - \sum_{i=0}^{N-1} \lambda_i\left\{x_{i+1} - x_i - \Delta g(x_i, t_i, u_i)\right\}$$

とする．ここで，V の中で x_i, u_i を含む項だけを選ぶと，

$$f(x_i, t_i, u_i)\Delta - \lambda_i \{x_{i+1} - x_i - \Delta g(x_i, t_i, u_i)\}$$
$$- \lambda_{i-1} \{x_i - x_{i-1} - \Delta g(x_{i-1}, t_{i-1}, u_{i-1})\}$$

となる．

最適解においては x_i, u_i の微小変化 (関数の変分に対応する) に対して V が停留になる (ラグランジュ未定乗数法) から，次式が成立する．

$$\frac{\partial V}{\partial x_i} = 0 \quad (i = 0, \cdots, N-1) \tag{3}$$

$$\frac{\partial V}{\partial u_i} = 0 \quad (i = 0, \cdots, N-1) \tag{4}$$

(3) 式より，

$$\frac{\partial f(x_i, t_i, u_i)}{\partial x}\Delta + \lambda_i \left\{1 + \Delta \frac{\partial g(x_i, t_i, u_i)}{\partial x}\right\} - \lambda_{i-1} = 0$$

これを変形して

$$\frac{\lambda_i - \lambda_{i-1}}{\Delta} = -\frac{\partial f(x_i, t_i, u_i)}{\partial x} - \lambda_i \frac{\partial g(x_i, t_i, u_i)}{\partial x}$$

ここで $\Delta \to 0$ として $\frac{d\lambda}{dt} = -\frac{\partial H}{\partial x}$ が導かれる．

また，(4) 式より，

$$\frac{\partial f(x_i, t_i, u_i)}{\partial u}\Delta + \lambda_i \Delta \frac{\partial g(x_i, t_i, u_i)}{\partial x} = 0$$

これより $\frac{\partial H}{\partial u} = 0$ が導かれる．

第 7 章

1 (1) ナッシュ均衡解とは相手の戦略に対して最適な応答をしたときに，お互いの応答が同じ戦略対を想定していることをいう．この問題の場合，プレイヤー A が A_1 を選択したとき，プレイヤー B の最適な応答は B_1 であり，逆にプレイヤー B が B_1 を選択したとき，プレイヤー A の最適な応答は A_1 である．両者が想定している戦略対は (A_1, B_1) であり，これがナッシュ均衡解となる．同様に戦略対 (A_2, B_2) もナッシュ均衡解となる．パレート最適な戦略対は (A_2, B_2) となる．

(2) マックスミン戦略ではプレイヤー A は A_1，プレイヤー B は B_1 を選択することになる．よって，戦略対 (A_1, B_1) が解となる．また，戦略対 (A_1, B_1) はナッシュ均衡解ではあるが，パレート最適ではない．

	B_1	B_2	A の最小利得
A_1	$(7,7)$	$(5,2)$	5
A_2	$(4,5)$	$(8,9)$	4
B の最小利得	5	2	

2 (1) ナッシュ均衡解は (A_1, B_1), (A_2, B_2), パレート最適な戦略対は (A_1, B_1), (A_2, B_2) となる.

(2) マックスミン戦略ではプレイヤー A は A_2, プレイヤー B は B_1 を選択することになる. よって, 戦略対 (A_2, B_1) が解となる. また, 戦略対 (A_2, B_1) はナッシュ均衡解でもパレート最適な戦略対でもない. このように非ゼロ和ゲームではマックスミン戦略の解とナッシュ均衡解は必ずしも一致しない. ゼロ和ゲームにおいては, 最悪の場合を最良にしようとするマックスミン戦略をとっている相手に対して, 相手の想定している戦略対以外の戦略を選択したとしても自分の利得が大きくなることはない. なぜなら, ゼロ和ゲームでは自分の利得が相手の損失になるから, マックスミン戦略によって想定している以上に相手が損失することはないからである. したがって, お互いの最適な応答はマックスミン戦略対となる戦略を選択することであるので, これがナッシュ均衡解となる. それに対して非ゼロ和ゲームでは, マックスミン戦略をとっている相手に対して, 相手の想定している戦略対以外の戦略をとることによって, 自分の利得が大きくなることもあり得る. よって, マックスミン戦略以外に最適な応答がほかに存在した場合はマックスミン戦略の解とナッシュ均衡解は必ずしも一致しない.

	B_1	B_2	A の最小利得
A_1	$(7,7)$	$(0,0)$	0
A_2	$(4,4)$	$(8,5)$	4
B の最小利得	4	0	

3 プレーヤー B のミニマックス原理による最適行動によって確保される利得は,

$$v = \min_{y_i} \left\{ \max \left(\sum_{j=1}^{n} a_{1j} y_j, \cdots, \sum_{j=1}^{n} a_{mj} y_j \right) \right\}$$

である.

このような x_i $(i = 1, \cdots, m)$ は, 次の最小化問題の解として得られる.

最小化 v

条件 $\sum_{j=1}^{n} a_{ij} y_j \leq v$ $(i = 1, \cdots, m),$ $\sum_{j=1}^{n} y_j = 1,$ $y_j \geq 0$

ここで, $Y_j = \dfrac{y_j}{v}$ とすると $\sum_{j=1}^{n} Y_j = \dfrac{1}{v}$ となるので上記の最小化問題は次のように, 不等号制約式で表現した標準的な線形計画問題に書き換えられる (なお, ここで, v は正値と仮定し, v の最小化は $z = \dfrac{1}{v}$ の最大化で得られるとする. このように仮定しても一般性は失われない).

$$\text{最大化} \quad z = \sum_{j=1}^{n} Y_j$$
$$\text{条件} \quad \sum_{j=1}^{n} a_{ij} Y_j \leq 1 \quad (i = 1, \cdots, m)$$
$$\qquad\qquad Y_j \geq 0$$

これは, (7.1) の双対問題である.

4 それぞれの企業の供給量を q_A, q_B, q_C 利益を π_A, π_B, π_C とすれば, 市場への総供給量を q として, 下式が成立する.

$$q = q_A + q_B + q_C$$
$$\pi_A(q_A, q_B, q_C) = q_A(p(q) - \text{MC}) = q_A(12 - q_A - q_B - q_C)$$
$$\pi_B(q_A, q_B, q_C) = q_B(p(q) - \text{MC}) = q_B(12 - q_A - q_B - q_C)$$
$$\pi_C(q_A, q_B, q_C) = q_C(p(q) - \text{MC}) = q_C(12 - q_A - q_B - q_C)$$

したがって, 各企業の最適生産量 q_A^*, q_B^*, q_C^* と, そのときの利益 $\pi_A^*, \pi_B^*, \pi_C^*$ は次のようになる.

$$\pi_A = -q_A^2 - q_A q_B - q_A q_C + 12 q_A$$
$$= -\left(q_A - \dfrac{12 - q_B - q_C}{2}\right)^2 + \left(\dfrac{12 - q_B - q_C}{2}\right)^2$$
$$\leq \dfrac{(12 - q_B - q_C)^2}{4}$$
$$q_A^* = \dfrac{12 - q_B - q_C}{2}, \quad \pi_A^* = \dfrac{(12 - q_B - q_C)^2}{4}$$

同様にして,

$$q_B^* = \dfrac{12 - q_A - q_C}{2}, \quad \pi_B^* = \dfrac{(12 - q_A - q_C)^2}{4}$$
$$q_C^* = \dfrac{12 - q_A - q_B}{2}, \quad \pi_C^* = \dfrac{(12 - q_A - q_B)^2}{4}$$

クールノー均衡については次の式より，

$$q_A^* = \frac{12 - q_B^* - q_C^*}{2}, \quad q_B^* = \frac{12 - q_A^* - q_C^*}{2}, \quad q_C^* = \frac{12 - q_A^* - q_B^*}{2}$$

$q_A^* = q_B^* = q_C^* = 3$ である．このとき，$\pi_A^* = \pi_B^* = \pi_C^* = 9$ である．この市場では総供給 9，価格 11 で均衡し，消費者余剰は 40.5，生産者余剰は 27，社会的厚生は 67.5 となる．

次にシュタッケルベルク解を求める．企業 B は企業 C の最適戦略を知っているので，企業 B の利益を最大とする戦略は次のようになる．

$$\text{最大化} \quad \pi_B(q_A, q_B, q_C) = q_B(p(q) - \text{MC}) = q_B(12 - q_A - q_B - q_C^*)$$
$$= q_B \left\{ 12 - q_A - q_B - 6 + \frac{1}{2}(q_A + q_B) \right\}$$
$$= -\frac{1}{2}\left(q_B - \frac{12 - q_A}{2} \right)^2 + \frac{(q_A - 12)^2}{8}$$

よって，

$$q_B^* = \frac{12 - q_A}{2} = 6 - \frac{q_A}{2}$$

企業 A は企業 B，C の最適戦略を知っているので，

$$\text{最大化} \quad \pi_A(q_A, q_B, q_C) = q_A(p(q) - \text{MC}) = q_A(12 - q_A - q_B^* - q_C^*)$$
$$= q_A \left(12 - q_A - 6 + \frac{q_A}{2} - 3 + \frac{q_A}{4} \right)$$
$$= -\frac{1}{4}(q_A - 6)^2 + 9$$

よって，

$$q_A^* = 6, \quad \pi_A^* = 9$$
$$q_B^* = 3, \quad \pi_B^* = \frac{9}{2}$$
$$q_C^* = \frac{3}{2}, \quad \pi_C^* = \frac{9}{4}$$

となり，各企業の解が求まる．この市場では，総供給 $21/2 = 10.5$，価格 $19/2 = 9.5$ で均衡し，消費者余剰は $441/8 = 55.1$，生産者余剰は $63/4 = 15.8$，社会的厚生は $567/8 = 70.9$ となる．

参考文献

本書の作成において直接引用した文献は下記の通りである．

［1］ 関根泰次：数理計画法 I・II (岩波講座 基礎工学 5)，岩波書店，1973.
　　　東京大学電気系学科で数理計画法の講義を創設した関根泰次先生が書かれたもので，本書における最適化問題の定式化や記号はほぼこの本を踏襲している．数理計画法の基本は 30 年以上前に出版されたこの本の中にまとめられている．

［2］ 松原望：意思決定の基礎，朝倉書店，2001.
　　　ゲーム理論の基礎を紹介した本書第 7 章の作成の参考とした．ゲーム理論のほか，確率や統計，情報理論など意思決定のための基礎理論が丁寧に説明されている．

［3］ 山地憲治：エネルギー・環境・経済システム論，岩波書店，2006.
　　　炭素税と排出権市場の双対性や寡占市場の均衡の説明など数理モデルの適用事例を説明する箇所で参考にした．数理モデルの作成に必要なエネルギー経済学や環境経済学の基礎的事項が説明されている．

そのほか，システム工学で用いられる種々の数理手法の参考書として下記を挙げておく．

［4］ 奈良宏一，佐藤泰司：システム工学の数理手法，コロナ社，1996.
［5］ 日本オペレーションズ・リサーチ学会編：OR 事典 2000 (CD–ROM)，(社) 日本オペレーションズ・リサーチ学会，2001.
［6］ 大内東，山本雅人，川村英憲：マルチエージェントシステムの基礎と応用—複雑系工学の計算パラダイム—，コロナ社，2002.
［7］ 森雅夫，松井知己：オペレーションズ・リサーチ，朝倉書店，2004.
［8］ 矢部博：最適化とその応用，数理工学社，2006.
［9］ 猿渡康文：マネジメント・エンジニアリングのための数学，数理工学社，2006.

索　引

あ　行

アーク　82
アフィンスケーリング法　61
アルキメデス　154
鞍点　104, 140
暗黙知　154
一対比較　7
遺伝子　156
遺伝的アルゴリズム　156
入れ替え　54, 55
エージェントモデル　5
エキスパートシステム　154
縁起　2
オイラー　152
オペレーションズリサーチ　151
折線近似　97

か　行

カーマーカー法　61
階層化意思決定法　7
階層化分析法　7
改訂シンプレックス法　38
学習　5, 154
確率動的計画法　7
寡占市場　147
可能基底解　21
神の見えざる手　146

川喜田二郎　6
簡易シンプレックス表　33
関数漸化式　127, 129
感度解析　153
木　152
基底解　19
基底形式　18
基底変数　18
基底変数の入れ替え　36
供給曲線　144
局所解　112, 113, 156
金融工学　7
空　2
クールノー均衡　148
クーン・タッカー条件　103
クーン・タッカー定理　9, 103
グラディエント　113
グラフ理論　151
経営科学　151
経営工学　151
計画変数　128
計算時間　60
傾斜ベクトル　113
計量経済モデル　6
ケーニヒスベルクの橋　151
ゲーミングシミュレーション　5
ゲームの均衡　138
ゲーム理論の基本定理　140, 142
限界生産コスト　144

弧　82
交叉　156
後進型　129
固定費問題　120
混合整数計画　121
混合戦略　136

さ 行

最小カット　84
再生産　156
最大傾斜法　113
最大原理　127
最大フロー最小カット定理　85, 89
最大容量　82
最大流量　84
最短経路問題　76
最適化型のモデル　5
最適化問題　8
最適制御問題　9
最適性の条件　29, 32
参照集合　154
残留容量　83
色　2
時系列モデル　6
システム　2
システム効果　2, 146
システム工学　2, 6, 151
システム・ダイナミックス　3
実行可能点列主双対内点法　119
支払意思額　144
シミュレーション型のモデル　5
シミュレーテッドアニーリング法　155
社会システム　5
社会的厚生　145
弱相補性条件　119
シャドープライス　42

囚人のジレンマ　137
主双対内点法　61, 117, 118
シュタッケルベルク均衡　149
シュタッケルベルク均衡点　141
シュタッケルベルク・ゲーム　141
主問題　40
需要曲線　144
需給均衡点　144
状態変数　128
状態方程式　127, 128
消費者余剰　145
初期可能基底解　35, 38
初期基底解　56
シンプレックス乗数　42
シンプレックス表　33
シンプレックス表の書き換え　38
シンプレックス法　29
シンプレックス法第1段　37
シンプレックス法第2段　35
随伴関数　127
数値解法　113
数理計画問題　8
ストリング　156
スラック変数　16
生産者余剰　145
整数計画　120
成長の限界　3
制約条件式の感度　44
世界モデル　3
節点　82
線形近似　96
線形計画　8
線形計画問題　12
前進型　129
全体としての最適解　81
戦略　136
相加平均　133

相乗平均　133
双対シンプレックス表　48
双対シンプレックス法　29
双対性　40
双対性の証明　44
双対なシンプレックス表　51, 59
双対変数　40
双対問題　40, 143
相補性条件　119
属性　153

た 行

対称双対性　40
多属性目的関数　8
多段決定問題　126
タブー探索　156
炭素税　46
ダンツィク　8
端点　14
端点が縮退　22
知識工学　154
中継地　73
中継地のある輸送問題　73
提携　136
テイラー展開　114
停留条件　115
展開型のゲーム　136
電気回路網解析　152
投影傾斜法　113
等高線　113
動的計画法　9, 126
独占供給者　149
凸計画　8
凸計画問題　12
凸性　12
凸性の条件　97

突然変異　156
凸多面集合　18

な 行

内点法　60
ナッシュ　143
ナッシュ均衡解　140, 148
ナッシュ交渉解　149
ニュートン・ラフソン法　113
ニューラルネットワーク　154
ネットワーク・フロー問題　82
ノイマン　143
ノイマン定理　140, 142
ノード　82

は 行

バイナリー変数　98
ハミルトニアン　127
パレート効率的　138
パレート最適　138
反復法　112
比較優位説　78
非基底変数　18
非協力・ゼロ和ゲーム　136
非実行可能点列主双対内点法　119
非ゼロ和ゲーム　136
非線形計画問題　96
非対称双対性　41
非凸計画問題　97
一筆書き　152
ヒューリスティックス　154
標準形　16, 28
ファーカスの定理　108, 111
フィードバックループ　3
不完全情報ゲーム　136

プレーヤー　136
フロー量　84
分業　77
分枝限定法　121
分離型目的関数　132
ペイオフ行列　136
ヘシアン　116
ペナルティ関数　156
ベルマン　129
ベルマンの最適性原理　129
変分問題　9
包絡分析法　153
ポートフォリオ理論　7
補木　152
北西隅ルール　65, 67
ボルツマン分布　155
ポントリャーギン　127

ま　行

待ち行列モデル　7
マックスミン原理　142
マックスミン戦略　137
マルコフモデル　7
丸太の切り分け問題　120
マルチエージェントモデル　5
ミニマックス原理　143
ミニマックス戦略　137
メタヒューリスティックス　154
メドウズ　3
メンタルモデル　3
モダンヒューリスティックス　154
モンテカルロ法　155

や　行

焼きなまし　155

ヤコビアン　115
ユーレカ　154
輸送問題　64
容量　84

ら　行

ラグランジュ傾斜法　113
ラグランジュ未定乗数　100
ラベリング法　82
乱数　155
リカード　78
利得行列　136
ローマ・クラブ　3

わ　行

割当問題　77

数字・欧字

2次計画　8
AHP　7
CO_2 排出係数　46
CO_2 排出権取引　46
CPM　6
DEA　153
DEA 効率的　153
DEA 非効率的　153
GA　156
KJ 法　6
MC　144
north–west corner rule　65
OR　151
PERT　6
WTP　144

著者略歴

山地 憲治（やまじ けんじ）

1972 年　東京大学工学部原子力工学科卒業
1977 年　東京大学大学院工学系研究科博士課程修了，
　　　　　工学博士
1977 年　(財) 電力中央研究所入所
1994 年　東京大学工学系研究科電気工学専攻教授(現職)

主要著書

どうする日本の原子力(日刊工業新聞社，1998)
バイオエネルギー(ミオシン出版，2000)
エネルギー学の視点(電気新聞ブックス，日本電気協会，2004)
エネルギー・環境・経済システム論(岩波書店，2006)

新・電気システム工学＝TKE-7

システム数理工学
——意思決定のためのシステム分析——

2007 年 9 月 10 日 ⓒ　　　　　　　初 版 発 行

著　者　山地憲治　　　　発行者　矢沢和俊
　　　　　　　　　　　　印刷者　篠倉正信
　　　　　　　　　　　　製本者　石毛良治

【発行】　　　　株式会社　数理工学社
〒151–0051　東京都渋谷区千駄ヶ谷 1 丁目 3 番 25 号
編集 ☎ (03)5474–8661(代)　　サイエンスビル

【発売】　　　　株式会社　サイエンス社
〒151–0051　東京都渋谷区千駄ヶ谷 1 丁目 3 番 25 号
営業 ☎ (03)5474–8500(代)　　振替 00170–7–2387
FAX ☎ (03)5474–8900

印刷　ディグ　　　　製本　ブックアート
《検印省略》

本書の内容を無断で複写複製することは，著作者および出版者
の権利を侵害することがありますので，その場合にはあらかじ
め小社あて許諾をお求め下さい．

ISBN978-4-901683-47-0
PRINTED IN JAPAN

サイエンス社・数理工学社の
ホームページのご案内
http://www.saiensu.co.jp
ご意見・ご要望は
suuri@saiensu.co.jp　まで．